2015年上海市重点图书

设计理论与实践前沿丛书

周武忠 总主编

产品创新设计策略开发

Design Strategy Development for Product Innovation

刘春荣 等 著

内容提要

本书结合十多年以来的研究成果与丰富的研究案例，从产品创新设计与开发的视角，系统而深入地探讨、展现了工业设计创新活动中从消费者研究到设计策略形成的研究方法和开发过程，涉及消费者定性和定量研究，消费者产品造型认知与审美特性的捕捉，消费者产品造型偏好的发现，以及设计参考模型与设计策略的开发等系统性内容。全书研究视野开阔、案例丰富多样、方法过程翔实，强调设计研究与设计实践的融合与贯通。

本书可用作设计学研究生的专业教材，是设计管理者与企业管理者、设计研究者与职业设计师的专业读物;本书也可用作工业设计（产品设计）本科生的辅助教材，可供有相关兴趣的工业设计（产品设计）专业的师生阅读参考。

图书在版编目（CIP）数据

产品创新设计策略开发 / 刘春荣等著. —上海:
上海交通大学出版社,2015
（设计理论与实践前沿丛书）
ISBN 978-7-313-14183-5

Ⅰ.①产… Ⅱ.①刘… Ⅲ.①产品设计 ②产品开发
Ⅳ.①TB472 ②F273.2

中国版本图书馆CIP数据核字（2015）第289926号

产品创新设计策略开发

著　　者: 刘春荣　等
出版发行: 上海交通大学出版社　　地　　址: 上海市番禺路951号
邮政编码: 200030　　电　　话: 021-64071208
出 版 人: 韩建民
印　　制: 常熟市梅李印刷有限公司　　经　　销: 全国新华书店
开　　本: 710 mm × 1000 mm　1/16　　印　　张: 14
字　　数: 230千字
版　　次: 2015年12月第1版　　印　　次: 2015年12月第1次印刷
书　　号: ISBN 978-7-313-14183-5/TB
定　　价: 48.00元

总　序

设计成就梦想

伴随“大设计时代”的到来，设计在人类生活中的作用和影响无处不在。从锅碗瓢盆到大飞机项目，从桌椅沙发到高楼大厦，从花境设计到国家公园，从手机界面到网络社区，从鞋袜服装到可穿戴设备……无不成了设计的对象。我们或可认为，设计是人类与生俱来真正意义上的实践活动，是人类实现梦想的基本途径和必要手段。设计已经成为并也将是未来一个巨大的产业体系，具有诱人的发展前景。因此，各个国家都十分重视设计行业和设计教育，将其作为国家发展战略之一予以足够重视。

在国外，1969 年日本政府先后成立“设计行政室”和“日本产业设计振兴会”，并设立“日本好设计奖”（Good Design Award，即日本 G-Mark 设计奖）；1998 年韩国总统金大中发表《21 世纪设计时代宣言》，宣告以 3 个“五年计划”实现“设计立国”；英国设计委员会率先开展了大量的设计复兴计划；德国、丹麦、芬兰都相应成立了国家设计委员会。欧盟于 2011 年成立设计领导力委员会，制定面向未来 20 年创新设计的《欧洲非技术性创新与用户导向创新的联合行动计划》，并颁布《为发展和繁荣而设计纲要》；于 2013 年启动了“分享体验欧洲”的 SEE（Sharing Experience Europe）计划，出台了创新设计政策。德国政府在 2013 年推出了《德国工业 4.0 战略》，将软件、系统等创新设计置于核心地位。美国科技委员会于 2012 年发布《先进制造业国家战略计划》，并成立“数字制造和创新设计研究院”。甚至有人说：“忘掉商学院吧，如今求学要去设计学院。”

早在 2010 年，我国 11 个中央有关部门针对设计行业专门印发了《关于促进工业设计发展的若干指导意见》，“将工业设计作为高技术服务业，促进工业设计从外观设计向高端综合设计服务转变”。从生产型制造向定制化、个性化全生命周期的服务型制造转变。2015 年 5 月 18 日，国务院正式发布了《中国制造 2025》规划，这是中国版“工业 4.0 计划”，也是我国实施制造强国战略第一个十年行动纲领。

上海是我国被联合国教科文组织命名为“设计之都”的三大城市之一，习近平总书记 2014 年 5 月在上海考察工作时明确要求，上海要加快建成具有全球影响力的科技创新中心。设计的本质就是创新，设计自然就与上海这座城市融为一体了。根据国家《文化产业振兴规划》、《上海市文化创意产业发展“十二五”规划》和《关于促进上海市创意设计业发展的若干意见》提出的目标和任务，大力加强文化创意设计人才培养，已经成为贯彻落实科学发展观、实施国家战略的重要举措，成为加快“四个中心”建设、积极落实创新驱动、转型发展的重要推力以及加快建设国际文化大都市和“设计之都”的重要保障。换言之，高端设计人才队伍建设是实施创新设计国家战略的前提和基础，而高端设计人才的培养离不开前瞻性设计理论的武装和国际水准设计案例的滋养。这就是组织编写这套丛书的初衷。

上海交通大学是国内较早成立设计系和最早获得设计艺术学学位点的单位之一。1986 年创建设计学科，1988 年开始招收本科生，1992 年成立工业设计系、艺术设计系，1999 年开始招收设计艺术学硕士，2002 年开始招收工业设计工程硕士，2002 年成立媒体与设计学院，把原来的工业设计系、艺术设计系和美术学科合并建立了新的设计系。交大设计学科通过发挥百年名校国际化和学科交叉的办学优势，形成了文理渗透、手脑并重、技艺结合的办学特色。设计学科利用交大在工程技术、信息科学、经济管理等学科的传统优势，以现代设计、创新思维方法为核心，重视跨学科交叉，为设计、技术、文化、艺术、商业的多元融合与整合创新发展提供了一流的交叉平台。在 2012 年（第三轮）全国“设计学”一级学科评估中，交大设计学科在全国参评的 54 所高校中，一级学科评估综合排名并列第 13 位。与此同时，相关学科的国际排名不断提升：在 2015QS 世界大学排名（QS World University Rankings 2015）榜上，交大艺术与设计学科进入 QS Top50，位居 28，在中国大陆仅次于清华大学（位居 26）。

设计学是由多个与艺术有关的专业所组成的学科群，它涵盖了当今所有与艺术相关的设计活动，按照设计学科规律而运行。交大设计学科的发展愿景致力于把交大设计（SJTU Design）建设成为以设计贯穿的跨学科的、在创意技术研究与艺术教育引导下的创新中心和国际设计学术研究高地，在遵循学科发展规律、瞄准社会经济发展需求的前提下，通过整合上海交通大学校内先进的办学理念与优势学科，建立动态对标国内外标杆学科，集聚设计学学科高端人才，建设设计学高水平创新团队，建设国际一流、国内领先的设计学科群，从而培养设计工程与管理交叉学科的先进人才，使交大设计成为上海加快建设具有全球影响力的“科技创新中心”、推进“设计之都”建设的重要支撑力量之一。

目前，我们正在进行设计学交叉学科建设。在学科调整后，交大设计学科整合了原先设计艺术学的教学、学术与实践资源，根据 The Universal Decimal Classification (UDC) 的学科划分级别进行综合性考量，并参考借鉴国内外著名大学的学科设置，融入了机械工程、生态学、环境工程、电子信息工程、建筑学、风景园林学以及管理学等学科优势，结合自身特点，形成新的交叉学科——设计科学与工程。交叉后的学科方向，集中整合了设计历史和理论、数字化智能设计、设计战略和管理、信息与交互设计、建筑与城市设计、城乡规划与景观设计 6 个方向的优势资源，秉承可持续发展的基本理念，使每个方向都拥有各自的学术优势与教学特色。

“伟大的创新者和领导者必定是伟大的设计思想家。”交叉整合后的交大设计学科将是一个非常理想的跨领域环境，整合交大最顶尖的学院系所，提供一个共同学习设计思维、合作解决问题的平台。跨领域交流形成的专业多样性和宽广度使得建立一种全新的、宽泛的、新型学科融合的新兴兴趣点成为可能。交大设计将不再是单纯的产品形态与功能设计，而是以人为中心，注重设计思维训练，是一个横跨多种专业向度的环环相扣的创新体系，包括产品定位、策略性的营销、品牌建立、使用者 / 消费者心理、市场研究、核心工程技术、互动设计、服务设计等。设计科学与工程交叉学科的本质目的就是做创新设计。

如何在设计中融合科学技术与艺术表现，平衡传承文化与引领创新，兼顾使用者需求与设计者理想，都需要深度学理研究与案例价值提炼。“设计理论与实践前沿丛书”并非针对设计学及其分支进行面面俱到的分析和挖掘，而是重点选取设计研究理论与设计活动实践中的热点领域和前沿问题，既从学理层面运用哲学、技术、文化、艺术等多重视角阐明和解读人类设计的发展脉络、内涵本质、哲学意义、重大理论以及典型方法；也从实践层面对用户体验、视觉传达、环境设计、工业产品的设计策略等方面提供案例分析、设计思路和实施指南；还要从教育层面提出设计学科发展方向与研究范式的更新、进化与重建。本丛书旨在为设计学研究人员呈现设计学领域极具研究价值的前沿问题，有利于其拓展设计学学术视野、强化设计研究技能与方法，有助于丰富整个设计学领域的创新研究成果；并能够协助一线设计人员吸纳设计思想精髓，运用科学方法完善其设计流程以达到更高的设计效用。当然，作为关于设计学科的一套丛书，还希望为设计学教育工作者提供设计学科发展现状，探索设计学科未来走向，以期有助于高校设计学科体系的优化和重构。

如此看来，本丛书承担了太多的任务和责任，但首批图书的出版未必尽如人意。因此，我们希望设计界的朋友们一起关心这套丛书，不仅为丛书的选题出谋划策，也欢迎踊跃赐稿，为构建中国特色的设计学理论体系而共同努力!

2015 年 10 月 15 日于上海交通大学

前　言

产品设计是制造业的灵魂，创新驱动是企业发展的根本。产品设计包含在产品开发的过程之中，其不可或缺的一项技术活动，就是工业设计过程及产品造型设计内容。为了在市场上取得成功，产品造型设计更需要的是具有创新性。产品造型创新作为产品创新的重要组成部分，既是以工程技术方面的优势和创新为重要基础的，也是以满足目标消费者的审美需求为特有目标的。在越来越多的技术日趋同质化的产品领域，产品造型的创新更加凸显其重要性。同时，在不断变化的社会和文化背景下，要在设计创新的过程中满足消费者的心理需求，并不是一件轻而易举的事情。

如何通过充分的消费者研究，有效而可信地探索、分析、把握——以及在后续的设计方案中体现——目标消费者的心理认知和审美偏好，从而真正提升产品的吸引力、领先性和市场占有率？这不仅是一个关系到企业产品未来成败的关键课题，也是一个巨大的挑战。面对多维的消费者心理诉求和激烈的市场竞争，要迎接好这一挑战，仅仅凭借设计经验和直觉已经是远远不够了，更需要开展综合的设计策略研究与开发工作，以寻求可靠的设计创新方向。唯有如此，企业才可能准确地理解消费者、造型趋势、市场态势，更好地把握消费者的需要及对产品造型的审美偏好，做到回应诉求、引领潮流、知己知彼，避免设计风险，从而确保产品在未来市场上能成功地抓住消费者的审美目光、触发他（她）们的购买行为。

这正是设计策略研究与开发工作的重要价值之所在。有鉴于此，作者在基于消费者研究的设计策略（战略）与产品创新这一领域，长期以来开展了大量的探索研究与相关实践工作。本书正是十多年来这些独特研究工作案例与成果的展现，其中包括近年来与研究生们切磋琢磨的部分成果。本书结合这些研究案例、从产品创新设计与开发的视角，系统地探讨、展现了工业设计创新活动中从消费者研究到设计策略形成的研究方法和开发过程，涉及消费者定性和定量研究，消费者产品造型认知与审美特性的捕捉，消费者产品造型偏好的发现，以及设计参考模型与设计策略的开发等系统性内容。

全书共有七章。第一章概述产品创新与设计策略的关系、消费者研究方法、设计策略开发的分析工具与应用领域。第二章以轿车消费者为例，展现进行消费者认知和行为研究的一种定量分析方法与过程。第三章至第七章分别以家用电器、消费电子、商用车、乘用车、商用飞机等类型产品为对象，以细致的定性和定量分析为工具与基础，深入地探讨产品创新设计中设计参考模型与设计策略的研发。全书研究视野开阔、案例丰富多样、方法过程翔实，强调设计研究与设计实践的融合与贯通。

本书入选为“2015 年上海市重点图书”。书中的研究涉及大量的、多种形式的消费者调研实验活动，很多人热情地以至无偿地参与其中——没有他（她）们的认真付出，要完成相关研究是不可能的；一些单位和个人对书中有关调研工作也给予了大力支持与协助。上海交大媒设学院周武忠教授以及上海交大出版社吴雪梅老师等编辑、出版人员，为本书的顺利出版付出了辛苦工作。在此，谨一并致以衷心的感谢！

本书可用作设计学研究生的专业教材，是设计管理者与企业管理者、设计研究者与职业设计师的专业读物；本书也可用作工业设计（产品设计）本科生的参考教材，可供有相关兴趣的工业设计（产品设计）专业的师生阅读参考。

参加本书撰写的人员（排名不分先后）有吴昊、李德耀、俞琳佳、蒋翀、刘岗。限于时间和作者水平，书中难免存在不足以至错误之处，敬请广大读者批评、指正。

刘晏荣

于上海交通大学媒体与设计学院

目 录

第一章

产品创新与设计策略概述

产品设计是制造业的灵魂[①]。产品设计是一个完整的活动体系，不仅包括工程方面的因素，其中更充满了风险和机遇[②]；产品设计包含在产品开发的过程之中，由各项符合市场开发与商业运作的技术活动组成[③]。在现代产品设计与开发过程中，这些技术活动中的一个不可或缺的组成部分，就是工业设计过程及产品造型设计内容。产品的造型是一种三维的视觉形象，是产品外观形态的形体部分，而产品形态是与产品的功能、结构、构造、材料、工艺等因素密不可分的[④]。因此，产品造型也是上述多个工程方面因素共同作用而成的、产品外在的视觉性形象表现，以及形体所蕴含的情感性态势传达。

产品设计可以是改良性的，但为了在市场上胜人一筹，它更需要是原创性的，即创新性的。产品造型设计也是如此。要确保产品未来上市后能够制胜于市场，在产品规划和设计阶段，产品造型创新作为产品创新过程中重要的组成部分，它既是以技术与工程方面的创新和优势为基础的，又是必须满足目标消费者的需求的，其中也包含消费者对产品造型美感的诉求这一精神上的需要。

当今时代背景下，如果说满足特定消费者对产品功能的物质层面需求已经没有什么困难的话，那么要使得产品能切实地满足特定消费者的审美需求，却并不是一件那么轻而易举、确定无疑的事情了。这是因为消费者无一例外地处在特定的社会和文化结构之下，而且即使是文化因素，也是动态的：许多因素——例如新技术、人口流动、资源短缺、战争、价值观的改变、从其他文化中学到的价值观和风俗等等，都可能使文化发生改变[5]。

因此，一方面，不同的社会背景、不同的消费文化、不同的审美趋向，使得不同的消费者群体对同一产品的造型时常具有迥异的审美观念和形态偏好。另一方面，随着消费文化和观念变得逐渐成熟和理性，产品消费者的消费行为变得越来越复杂而多样化，影响消费者产品购买决策的关键因素也越来越多——这些因素中，消费者审美及其对产品造型的偏好扮演着非常重要的角色。

在越来越多的技术日趋同质化的产品领域，例如家用电器领域、消费电子产品领域、家用轿车领域，甚至于商用车等产品领域，企业要保持和提升产品的吸引力以及消费者的购买欲，在产品创新过程中，就需要创新地设计出符合目标消费者的心理诉求和审美偏好的产品造型。因此，在产品创新过程中的产品造型创新设计活动展开之前，如何客观而有效地分析、捕捉、把握以及在方案设计过程中体现这些特性，是一个关系到产品在未来市场上成败的关键问题。

这同时也是一个巨大的挑战。迎接这一挑战，仅仅凭借设计师和管理者的经验和直觉是远远不够的，还需要预先借助系统而深入的产品造型创新的设计策略探讨，为后续的产品开发寻求到可信的产品造型创新的设计方向。产品造型创新的设计策略研究，能帮助管理者和设计师更好地把握消费者需求以及对产品造型的偏好认知；帮助企业更深入地理解消费者、造型趋势、竞争对手，以做到引领潮流、知己知彼，并避免可能的设计风险，从而确保所开发的产品造型在未来市场上能取得最大可能的成功。简言之，企业借助设计策略，运筹于前期研发、制胜于未来竞争。

产品造型创新的设计策略是如此具有价值，国内外越来越多的制造企业重视并借助设计策略，谋求和确保其产品在上市后受到消费者欢迎，即在本能的、行为的或（和）反思的水平上满足消费者的需要（needs）和想要（wants）[6]。而在预先展开的设计策略研究与开发的过程中，进行相应的消费者研究，是帮助理解消费者的必要环节。

一般可以采用定性研究和定量研究两种方法论来展开消费者研究。消费者定性研究的方法有深度访谈、焦点小组、隐喻分析、抽象调查和投射技术等；消费者定量研究是一种实证研究的方法，主要借自自然科学并由实验方法、测量技术和观察方法组成。研究所发现的东西是描述性的、经验式的，如果对使用概率样本而随机收集起来的定量数据进行统计分析，可以被推广到更大的人群[7]。

由于定性研究得出的结论非常有限，也可以将定性研究和定量研究结合起来。有时从定性研究中产生的观点又被经验验证、成为设计定量研究的基础[8]。一个基本的消费者研究过程如图 1-1 所示，其中包含了明确研究目的、收集间接数据、设计实验、数据收集、定性和定量分析、研究报告撰写等主要阶段和工作内容。

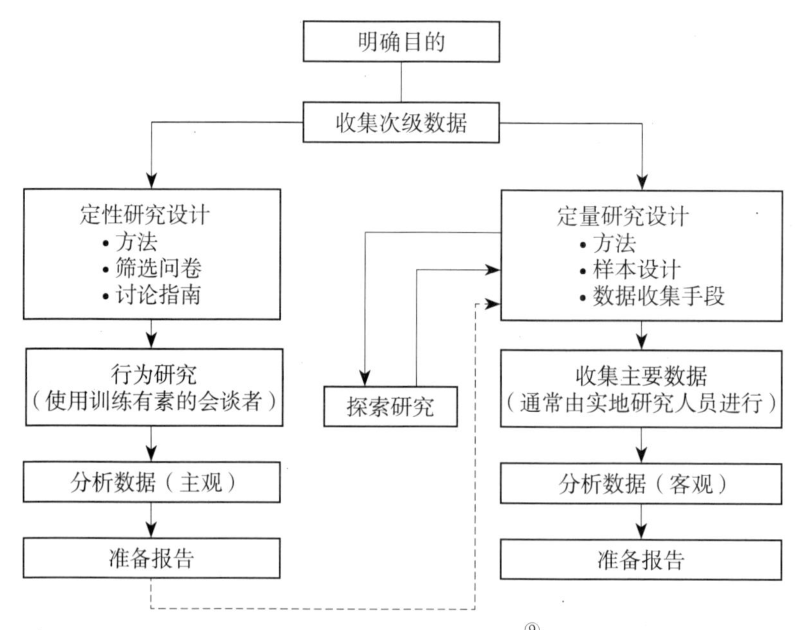

图 1-1 消费者研究过程的一个模型[9]

正如建筑造型及其风格是可以测量的[10]一样，产品造型也是如此。针对产品造型创新的定量研究过程，在定量研究方案设计、进行消费者（用户）调研，以及对调研所得的数据进行分析时，通常需要借助一定工具和统计分析方法。在消费者对造型进行语义评价的调研过程中，一般以奥斯古德（Osgood）等人[11]建立的语义差分法进行实验。对产品造型进行形态分析工作时，可以采用形态分析法进行定性分析，再采用定量方法，综合地展开分析和研究。

对产品造型创新的设计策略研究与开发过程中常用到的一些工具和分析方法，做简要介绍如下。

① **语义差分法：**语义差分法（Semantic Differential Method，又称为SD法），是由美国心理学家奥斯古德于1957年提出的一种心理学研究方法。奥斯古德等人认为，人类对概念或词汇具有颇为广泛的、共同的感情意义认识。

语义差分法以多组意思相反的描述词（通常为形容词）词对为基础，结合联想和评估来研究事物和概念的意义。它由被评测的概念（Concept）、量表（Scale）、被试（Subject）三个主要要素组成。"概念"既可以是词、句、段和文章那样的语言符号，也可以是像图形、色彩、声音等有感情意义的知觉符号。"量表"则是用两个意义相反的描述词（通常为形容词）作为两极而构成的比较级度量梯度。一般采用5阶或7阶李克特量表（Likert scale）。

语义差分法对于了解概念、消费者心理认知的倾向有较大帮助，通常被视为用来评估非计量性的资料。使用SD法，可帮助理解消费者对产品造型的认知与评价。

② **聚类分析法：**聚类分析（Cluster Analysis）是研究分类的一种多元统计分析方法。基于所研究的样品或变量之间存在的不同程度的相似性，对样品或变量进行分类。其分类的原则是同一类中个体具有较大的相似性，不同类的个体具有较大的差异性，这样使得类别内的数据差异尽可能地小，而类别间的数据差异尽可能地大。

聚类分析可以用于选取代表性的产品样品、代表性的意象词词对的过程中，也可用于对消费者群体或产品市场进行细分等方面。

③ **主成分分析法和因子分析法：**一个实际问题通常受到众多因素的影

响，在多元统计分析中，一个因素就是一个变量，每个变量都在不同程度上反映了所研究问题的某些信息，并且彼此之间有一定的相关性。

主成分分析（Principal Component Analysis—PCA）是一种降维的数据处理技术。它将一个实际问题中的一组相关变量通过线性变换转换成另一组不相关的新变量（称为主成分）。在数学变换中保持变量的总方差不变，使第一变量具有最大的方差，称为第一主成分；第二变量的方差次大，并且与第一变量不相关，称为第二主成分；其余主成分依次类推。这样，可用较少的新变量去解释原始资料中的大部分变量，将原始资料中许多相关性很高的变量转化成彼此相互独立或不相关的新变量，从而将问题分析的复杂性降低。

因子分析（Factor Analysis）是由查尔斯·斯皮尔曼（Charles Spearman）在 1904 年首次提出的。在一定程度上它可以看作是主成分分析法的扩展。它能更加深入地研究问题，是一种把多个变量化为少数几个综合变量（称为公因子）的多元统计分析方法。通过降维处理，可用有限个不可观测的隐变量（即公因子）来解释原始变量之间的相关关系。在统计分析软件中进行因子分析时，常常采用主成分分析方式选项。

在设计策略研究中使用因子分析法，有助于更清晰地认识意象词之间、形体的设计特征之间的关系。

④ **相关分析和回归分析法**：世上万物之间，存在着大量的相互联系、相互依赖和制约的数量关系。不同于描述这种关系中确定的、严格的依存关系的函数关系，相关关系描述这些关系中不确定的、不严格的依存关系。相关关系反映出两个变量之间的关联趋势。

不同的相关分析过程中，测量相关程度的相关系数有很多种。在最常见的对两个连续变量的相关关系进行相关分析时，一般使用皮尔逊（Pearson）相关系数来表示这两个变量间相关性的大小，其相关关系可能为正相关、不相关或负相关，相关系数则介于 1 与–1 之间。相关系数的绝对值越大，相关性越强；相关系数越接近于 1 或–1，相关度越强；相关系数越接近于 0，相关度越弱。

回归分析（Regression Analysis）则反映两个或多个变量之间确定的、严格的依存关系，是在掌握大量观察数据的基础上，建立这两个变量（因变量与自变量）或一个变量（因变量）与其他多个变量（自变量）之间的函数表达式（称为回归方程式）。前者称为一元回归分析，后者称为多元回归分析。回归分析中，因变量与自变量之间因果关系的函数表达式如果是线性的，称为线性回归分析，如果是非线性的，则称为非线性回归分析。

在研究中借助回归分析法，预测一个或一组自变量（如多个意象评价）发生变动时，与其有相关关系的某随机变量（例如产品造型评价）的未来变动情况。

⑤ **多维尺度分析法**：多维尺度分析（Multidimensional Scaling—MDS）是基于对研究对象之间相似性的判断，将研究对象在一个低维度（一般为二维或三维）空间中形象地表示出来的一种图示法。事实上，多维尺度分析是一类统计分析方法的统称，它最早产生于心理度量分析，并在许多领域中得到了广泛的应用。通过多维尺度分析，产生一张能够看出这些对象分布的匹配图（称为知觉图），后者反映出消费者对研究对象的心理认知特点。

在进行产品（造型）定位、品牌定位、企业形象定位等研究时，产品（造型）、品牌形象、企业形象等就是研究对象。知觉图将消费者从多维角度做出的对相似性和差异性的感受，在低维空间上加以直观定位。此时借助知觉图，可以分析和了解产品造型、品牌形象、企业形象等方面在消费者认知与诉求中的差异性，更直观地描述当前产品、品牌或企业竞争的态势，以及现有产品、品牌、企业形象等在整个市场或行业中所处的地位，并发现最接近的直接竞争者。这些都有助于为新产品、新品牌进行明确定位，有助于分析现有产品、品牌的市场形象提升的途径。

以多维尺度分析法为基础，还扩展出多维偏好分析法（MDPREF Analysis）和偏好映射分析法（PREFMAP Analysis）。前者基于消费者对一组研究对象（如产品造型、品牌）的一组意象评价，可以在这组意象作为矢量所形成的多维空间中直观地表达研究对象（如产品造型、品牌）的定位。后者则可进一步将消费者与其对研究对象的偏好结合起来，从而直观地在多维空间中将研究对象及相应的偏好者的定位表达出来：最靠近某个对象的偏好者（可以是个体，也可以是细分的消费者群体），就是最偏好该对象的消费者。

⑥ **联合分析法**：联合分析法（Conjoint Analysis）是一种多元统计分析方法。它是基于消费者对具有某些特征（称为因子）与特征状态（称为因子水平）的产品组合方案的评价，将每一特征以及特征状态的重要程度作出量化分析的方法。它在提出不久就被引入市场营销领域，用来分析产品的多个特性如何影响消费者购买决策问题。

联合分析法已成为一种用于开发有效产品设计的有力工具。在设计策略研究中使用联合分析法，有助于回答如下的一些问题：哪些产品属性对消费者重要及哪些产品属性对消费者不重要？消费者心中最喜欢及最不喜欢的产品属性级别有哪些？领先竞争对手的产品与我们现有或提出的产品的偏好市场份额是多少？使用联合分析，可以帮助确定每个属性的相对重要性以及最喜欢每个属性的什么级别。

⑦ **数量化理论Ⅰ类**：数量化理论（Quantification Theory）是多元统计学的一个分支，主要用于分类、评价、预报和系统优化。它可分为数量化理论Ⅰ类、数量化理论Ⅱ类、数量化理论Ⅲ类、数量化理论Ⅳ类，其中数量化理论Ⅰ类是一种多元回归分析方法[12]。

数量化理论Ⅰ类研究的主要目的是寻找自变量分别对因变量的影响程度并进行预测，要求因变量是定量变量，自变量可以全部是定量的，也可以都是定性的，或两者兼而有之。从而可充分利用可能收集到的定性、定量信息，使那些难以做详细定量研究的问题得以定量化，更全面地研究并发现事物间的联系和规律。

⑧ **形态分析法**：形态分析（Morphological Analysis）是指将整体的产品造型分解为主要的形态要素及组成构件，通过这些形态要素的排列组合，可以进一步产生新的产品造型。也就是说，各种设计方案可以通过重组既有的形态要素及组件来获得。

它是一种对产品加以“解构”的手法，一种对解构后的形态要素进行重新排列组合的造型设计方法[13]。形态分析法的主要目标在于扩展产品造型设计问题的解决方案的搜寻范围，寻找理论上可行的解决方案。

⑨ **感性工学**：感性工学一词由日本马自达汽车集团前会长山本健一于1986年在美国密西根大学发表题为“汽车文化论”的演讲中首次提出。它是一种运用工程技术手段探讨“人”的感性与“物”的设计特性间关系的理论和方法。日本广岛大学的长町三生[14]认为感性工学主要是“一种以顾客定位为导向的产品开发技术，一种将顾客的感受和意向转化为设计要素的翻译技术”。感性工学包括三方面的内容：一是根据产品的感性层面进行分类，建立产品的感性结构来获取设计细节；二是计算机支持的感性工学系统；三是感性工学的模型。

在产品设计与设计研究领域，借助感性工学可以将人们对“物”（已有产品、数字或虚拟产品）的感性意象定量地或半定量地表达出来，并与产品造型特性相关联，从而在产品创新中体现“人”（这里包括消费者、设计者等）的感性感受，设计出符合“人”的感觉期望的产品。

⑩ **决策实验室法**：决策实验室法（Decision-making Trial and Evaluation Laboratory—DEMATEL）基于对一个问题的元素间两两影响关系方向及其程度的判断，利用一定的矩阵运算方法计算出元素间的因果关系，并以数字表示因果影响的强度，从而帮助认识一个问题的结构关系。

借助上述消费者研究过程和主要的定性、定量分析工具，最终可形成设计参考模型和综合的设计策略，用以指引后续的设计方案开发方向。针对企业特定产品的设计策略可以帮助企业认清产品竞争态势、消费者造型喜好，对产品形象进行精准的定位，确保产品与目标消费者的对接。更进一步，针对一个企业的系列产品进行全面的设计策略研究，则能帮助企业认清市场竞争态势和造型设计趋势，进而形成企业特有的、相对稳定的设计战略，用以统筹今后的产品创新工作、指引工业设计创新活动。此外，设计策略的研发方法及其过程中的一些分析工具，也可运用于对品牌形象的分析、定位研究，以及品牌战略的规划与制订活动中。

具体地讲，设计策略的研究与开发可服务和应用于产品的造型、色彩与材质等方面的设计创新，产品形象定位与产品形象识别（PI）的形成，以及企业综合的设计战略的建立。同时，这一研究工作及其方法，还可以延伸到品牌形象提升与品牌战略的建立等方面。以较为复杂的乘用车产品（其造型包含外形和内饰两部分）对象为例，企业可在如下一些具体的领域和课题上展开研究与开发工作：① 中国消费者轿车造型、色彩与材质等的认知与偏好。② 国际轿车造型风格的整体趋势。③ 世界主流轿车品牌产品的造型基因分析与对比。④ 企业轿车产品造型与竞争者的意象差异分析，以及自身轿车产品造型风格的定位。⑤ 企业内不同级别轿车车型的协同定位，以及产品形象识别的形成。⑥ 企业轿车产品造型特征系列化分析与造型基因的形成。⑦ 根据需要，从车型细分、年龄细分、性别细分、地域细分、国别细分等多种细分的角度，细分的消费者群体对轿车造型偏好的差异化分析及设计对策。⑧ 品牌形象现状与认知差异分析。⑨ 品牌定位与品牌战略的建立。⑩ 品牌形象的提升路径与对策。

本章注释：

① 国家自然科学基金委员会 . 先进制造技术基础 [M] . 北京：高等教育出版社；德国：施普林格出版社，1998. pp98.

② (美) 奥托 (Otto，K. N.)，等，著 . 产品设计 [M] . 齐春萍，等，译 . 北京：电子工业出版社，2005.

③ 同 ②.pp3.

④ 刘国余，沈洁 . 产品基础形态设计 [M] . 北京：中国轻工业出版社，2001.

⑤ (美) 希夫曼，(美) 卡纽克，著 . 消费者行为学 (第七版) [M] . 俞文钊，译 . 上海：华东师范大学出版社，2002. pp442.

⑥ (美) 诺曼 (Norman，D. A.)，著 . 情感化设计 [M] . 付秋芳，程进三，译 . 北京：电子工业出版社，2005.

⑦ 同 ⑤. pp19.

⑧ 同 ⑤. pp21.

⑨ 同 ⑤. pp22.

⑩ Chiu-Shui Chan. Can style be measured? [J] .Design Studies, 2000, 21(3): 277–291.

⑪ Osgood,C.E., Tannenbaum,P.H.,Suci,G.J. The measurement of meaning [M] . Urbana: University of Illinois Press,1957.

⑫ 董文泉，周光亚 . 数量化理论及其应用 [M] . 长春：吉林人民出版社，1979.

⑬ Zwicky F.The morphological approach to discovery，invention，research and construction [J] . New Method of Thought and Procedure; symposium on Methodologies. Psadena，1967(5): 316–317.

⑭ Nagamachi, M. Kansei Engineering: a new ergonomic consumer-oriented technology for product development [J] .International Journal of Industrial Ergonomics, 1995, 15: 3–11.

第 二 章

消费者研究：以 DEMATEL 为工具

第一节　DEMATEL 方法

一、DEMATEL 方法的起源

DEMATEL 方法（决策实验室法），于 1973 年源自日内瓦研究中心 Battelle 协会。当时该方法用于研究复杂、困难的世界性问题（如种族、饥饿、环保、能源问题等），以增加对世界问题关联的理解，并借由此方法获得全球各区域间更好的知识交流。DEMATEL 方法通过察看一个问题或结构的元素间两两影响关系及其程度，利用矩阵及相关数学理论计算出全体元素间的因果关系，并以数字表示因果影响的强度。借助该方法可有效地了解复杂的因果关系结构。因此，该方法相关的应用领域非常广泛，在国内外得到大量应用。

二、DEMATEL 方法构架及运算步骤

（一）DEMATEL 方法理论说明[①②]

假设一个系统或问题由若干主要元素（如元素 a、元素 b、……、元素 i）构成，元素的影响阶层如图 2-1 所示。由图 2-1 可知元素 a 直接影响元素 b 及元素 c，同时间接影响元素 d、元素 e、元素 f，再间接影响至元素 g、元素 h、元素 i，将此图的直接影响由二元矩阵 A（见

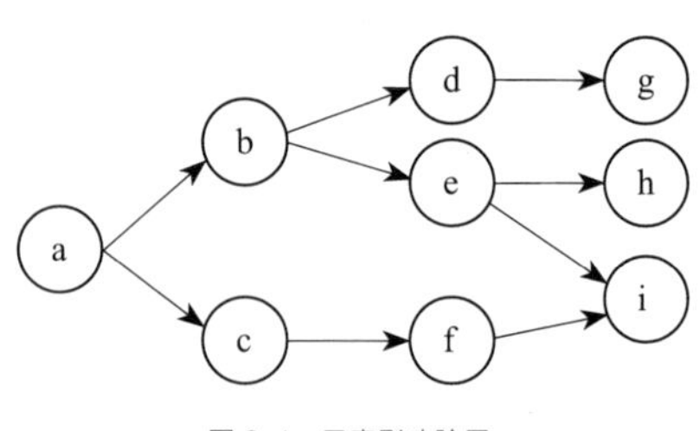

图 2-1　元素影响阶层

表 2-1）表示，直接影响（包括 a–b，a–c，b–d，b–e，c–f，d–g，e–h，e–i，f–i）标示“1”，无直接影响则为空白。将矩阵平方得 A^2（见表 2-2），A^2 矩阵中“1”表示第二层的影响，即第一阶的间接影响（包括 a–d，a–e，a–f，b–g，b–h，b–i，c–i）。同理，将矩阵三次方得 A^3（见表 2-3），A^3 矩阵中“1”表示第三层的影响，即第二阶的间接影响（包括 a–g，a–h，a–i）。由此可知，利用二元矩阵的表示及运算可以得到图形各阶层的影响关系，但是，在合理的状况下，当影响程度传递至下一层时，必须小于上一层的影响程度，即影响程度递减，例如图中 a 影响 h 的程度必须小于 a 影响 e 的程度，同样 a 影响 e 的程度必须小于 a 影响 b 的程度，所以若用二元矩阵表示将会失去影响程度大小的信息，因此，为了不改变评估者的思考模式，不使用 0、1 来表示连接关系，而改用数字表示元素的连接关系及影响程度，利用数学矩阵的理论以满足影响程度递减的情形。

表 2-1 直接影响关系矩阵

A=

	a	b	c	d	e	f	g	h	i
a		1	1						
b				1	1				
c						1			
d							1		
e								1	1
f									1

表 2-2 第一阶的间接影响矩阵

A^2=

	a	b	c	d	e	f	g	h	i
a				1	1	1			
b							1	1	1
c									1

表 2-3 第二阶的间接影响矩阵

A^3=

	a	b	c	d	e	f	g	h	i
a							1	1	1

（二）DEMATEL 方法的运算步骤

DEMATEL 方法的主要运算步骤如下①②。

步骤 1：定义元素。列出系统中的元素并加以定义，可通过探讨、头脑风暴法等方式获得。

步骤 2：判断关系。根据专家或评估者的主观认识来判断元素两两间的关系。元素间两两比较的尺度可分为四种程度，分别为：0–没有影响、1–稍微影响、2–较有影响、3–很大影响。

步骤 3：产生直接关系矩阵（direct-relation matrix）。若元素个数为 n，将元素依其影响关系与程度两两比较，得到 $n \times n$ 矩阵，称为直接关系矩阵，以 $\mathbf{Z}$ 表示，矩阵中 $\mathbf{Z}_{ij}$ 代表元素 C_i 影响元素 C_j 的程度，并且将其对角元素 $\mathbf{Z}_{ii}$ 设为 0，$\mathbf{Z}$ 的形式为

$$\mathbf{Z}=\begin{array}{c} \\ C_1 \\ C_2 \\ \vdots \\ C_n \end{array}\begin{array}{c} \begin{array}{cccc} C_1 & C_2 & \cdots & C_n \end{array} \\ \begin{bmatrix} 0 & z_{12} & \cdots & z_{1n} \\ z_{21} & 0 & \cdots & z_{2n} \\ \vdots & \vdots & \ddots & \vdots \\ z_{n1} & z_{n2} & \cdots & 0 \end{bmatrix} \end{array}$$

步骤 4：计算标准化直接关系矩阵。令 $\lambda=\dfrac{1}{\max\limits_{1\le i\le n}(\sum\limits_{j=1}^{n} z_{ij})}$，再将整个矩阵的元素乘以 λ，即 $\mathbf{X}=\lambda \cdot \mathbf{Z}$，得到标准化直接关系矩阵 $\mathbf{X}$。

步骤 5：计算直接、间接矩阵（direct/indirect matrix）。直接 / 间接矩阵 $\mathbf{T}$ 可从下式得到：

$$\mathbf{T}=\lim_{k\to\infty}(\mathbf{X}+\mathbf{X}^2+\cdots+\mathbf{X}^k)=\mathbf{X}(\mathbf{I}-\mathbf{X})^{-1}$$

其中，$\mathbf{I}$ 为单位矩阵。

步骤 6：计算中心度及关系度。令 $t_{ij}(i, j=1, 2, \cdots, n)$ 为 **T** 中元素，列的总和及行的总和分别以 D_i 及 R_j 表示，由下式可得到：

$$D_i=\sum_{j=1}^{n} t_{ij}\ (i=1, 2, \cdots, n)$$

$$R_j=\sum_{i=1}^{n} t_{ij}\ (j=1, 2, \cdots, n)$$

D_i 表示以元素 i 为原因而影响其他元素的综合，包含了直接及间接影响，R_j 表示以元素 j 为结果而被其他元素影响的总和。（D+R）称为中心度（prominence），由 D_k 相加 R_k 而来，表示通过此元素影响及被影响的总程度，可显现出此元素在系统中的中心度；（D－R）称为原因度（relation），由 D_k 相减 R_k 而来，（D_k-R_k）值若为正，此元素偏向为导致类，（D_k-R_k）值若为负，此元素偏向为影响类。

步骤 7：绘制因果图（causal diagram）。绘制因果图时，横轴为（D+R），纵轴为（D–R），分别以（D_k+R_k，D_k-R_k）为一组坐标值。这样，因果图可以将复杂的因果关系简化为易懂的结构，能帮助决策者深入了解系统或问题的结构、元素间相互关系，从而找寻解决方向。借助因果图，决策者可以根据元素中导致类或影响类来做出适合的决策。

第二节　消费者轿车购买决策的影响因素分析

今天，人们对产品的需求已不满足于“好用就行”，对产品不但有物质需求，而且还有精神文化的需求。能否满足消费者的感性诉求，也是影响消费者轿车购买决策的新指标。产品的情感化设计已经成为设计师们设计产品时不可缺少的新理念，而消费者的感性消费倾向日渐凸显，以自己的喜好为转移选择商家及产品是一种新的消费现象。

基于设计心理学家诺曼所论及的概念，可以把消费者感性诉求划分为三个层次[③]，即本能层（visceral level）、行为层（behavioral level）、反思层（reflective level）。

所谓本能层，就是能给消费者带来感官刺激的活色生香。如一辆汽车，外形时尚，颜色漂亮，消费者一眼看上去感觉赏心悦目。这是汽车外形使消费者的本能层次诉求在起作用。

而行为层，是指消费者使用所掌握的技能去解决问题，并从这个动态过程中获得成就感和愉快感。还用汽车做例子，消费者在拥有这辆汽车后，要逐渐地去了解它的主要功能和熟悉它的基本操作。如果这辆汽车的人机结构设计合理，操作舒适方便，那么消费者就能从驾驶过程中获得满足感和快乐感。这就是消费者的行为层诉求在起作用。

作为最高层次的反思层，实际上指的是由于前两个层次的作用，而在消费者心中产生的更深度的，由情感、意识、理解、个人经历、文化背景等交织在一起所造成的影响。反思层对消费者购买决策及产品设计有非常重要的意义，它有助于建立起产品和用户之间的长期纽带，有利于提高品牌忠诚度。

一、用户问卷调研

依据研究目的设计问卷因素，对消费者进行随机抽样调查，寻找消费者购买轿车的决策因素，作为本研究中 DEMATEL 方法的输入数据。

二、影响因素分析

根据调查问卷结果及相关文献探讨，从本能层、行为层以及反思层三个层面，整理、归纳出影响消费者轿车购买决策行为的因素。其中本能层包含外观、车价、内饰、内部空间及舒适性、燃油经济性等五项因素；行为层包含操控性、动力性、售后维修保养、售前服务等四项因素；反思层包含品牌、环保性、安全性等三项因素。

（一）本能层相关因素

1. 外观

在我们日常的人际交往过程中，都很注重第一印象。买车也一样。一款造型优美的车，往往在第一眼过后就会给人留下不错的印象，接着才会有购买它的欲望。

在汽车交易市场调查时发现，很多消费者往往被一些外观新颖的汽车所吸引。他（她）们对于汽车专业知识一般都知之甚少，在挑选时，汽车外观是否贴合心意成为选择要素之一。

2. 车价

有网络调查显示，在影响我国居民购车的因素中，虽然汽车的品牌、性能、经销商的服务、购车方式、售后服务等也成为消费者买车的考虑因素，但占据第一位的仍然是价格。

在现阶段的中国汽车市场，由于轿车本身的价格弹性较大，轿车消费者在决定购买时对于价格非常看重是很自然的事。究其原因，这与大多数中国消费者目前还处在购买第一辆车的阶段有关。

降价是符合消费者心声的。虽然降价被认为是“最无能”的汽车营销，但往往是最有效的。降价直接降低了企业利润，但消费者能从降价中得到实惠，自然乐意。

因此，在购车过程中，价格仍是大部分消费者考虑的主要因素之一。

3. 燃油经济性

在全球汽车市场上，油价一直是影响汽车需求的一个重要因素。汽车燃油经济性是汽车的一个重要性能，也是购买汽车的人最关心的指标之一。它关系到每个人的切身利益，在汽车说明书中大概最引人注意的技术规格也是燃油消耗。降低汽车燃油消耗似乎就成了汽车制造者和使用者的一个永恒的课题。

4. 内部空间及舒适性

汽车内部空间及所带来的舒适性也得到越来越多消费者的关注。单纯的车体尺寸已不能作为选择汽车空间的标准，因为车体尺寸大未必空间就大。消费者选择汽车空间时更重视舒适性和利用率。相对于年轻人多注重个人感受，家庭购车的考虑因素侧重点更多放在后排空间的舒适性以及行李箱是否能合理利用上。

5. 内饰

相对于外形而言，内饰设计所涉及的组成部分相对繁多。内饰形体包括仪表台、方向盘、座椅、操纵按键、空调出口、拨挡头、车门内饰、门把手等。同时，内饰设计还要与外形设计相匹配。内饰多为近距离接触，触觉、手感、舒适性和可视性等等更多细腻的细节在消费者选择上有着举足轻重的地位。

对作为具体使用者的消费者来说，他们接触汽车内饰的时间要远远多于汽车外形。内饰设计的好坏（包括造型设计、材料舒适度、布局、是否符合使用习惯等）将直接影响到他们的使用及心情，从这个意义上来讲，汽车内饰尤为重要。

此外，汽车使用者在汽车上度过上下班交通高峰的时间越来越多，汽车内饰的重要性上升到了与外在环境同样的高度。消费者愿意花在汽车内饰上的金钱也正在逐渐上升。

（二）行为层相关因素

1. 操控性

汽车优良的操控性不仅可以带来驾驭和掌控的乐趣，更能够在紧急情况中避免事故发生，关系到行车安全，在行驶中为车主带来信心。

通常所说的汽车的操控性，其实是一种综合表现，主要指汽车在行驶过程中所表现出来的稳定性、灵活性、准确性和可控性。汽车的操控性主要由6个方面的因素决定：汽车底盘、转向、发动机、变速器、自重、主动安全技术。

2. 动力性

汽车的动力性可用三个指标来评定，即汽车的最高车速、加速能力和爬坡能力。汽车的最高车速是在平坦良好的路面所能达到的最高行驶速度。汽车的加速能力是指汽车在行驶中迅速增加行驶速度的能力。汽车的爬坡能力是指汽车满载时，在良好的路面上以最低前进挡所能爬行的最大坡度。

动力性是汽车的重要使用性能之一，它代表了汽车行驶可发挥的极限能力。

3. 售后维修保养

汽车作为一种消费品，在购买后的使用过程中，还需要消费者不断地进行维护和保养，继续支出和花费，这是汽车与一般消费品显著不同的地方。

如果以汽车厂商自己的服务系统来看，做好规范化的服务，形成完备而统一的服务体系仅仅是基础，这些目前大多数汽车厂商都在做的事情，只能让用户感到没有不满意，而让他们真正满意，并形成对某个品牌的忠诚度，则必须要有清晰的服务品牌和文化来支撑了，这是消费者形成对某个汽车品牌服务认知和建立忠诚的基本路径。

事实上，汽车厂商所提供的服务还是一个很宽泛的概念，其内涵不仅仅是传统意义上的汽车销售和售后服务两个方面。探究其根本，汽车制造厂商应当致力于实现用户满意程度的最大化，这还应当包括用户对产品性能、产品质量的满意度、车辆在运行中的问题，涉及产品在消费者使用过程中暴露的问题，还有消费者对其服务体系和服务内容的评价等方面。

4. 售前服务

提起汽车销售服务，很多人马上会联想到售后服务，而对汽车售前服务或许还会感到陌生。据了解，在国外售前服务已经很普遍，一些厂商开办了类似汽车学校的驾驶课堂，使消费者在购买前对所选车辆就有了系统的认识。在国内售前服务方面，虽说一些厂商已经开展了这方面的工作，但还缺乏一贯性，大多数厂商的售前服务还只停留在基本情况的介绍，好一点就是试乘试驾了。只有微笑服务还远远不够，对于初次购车的消费者来说，专业的售前服务对于购车者会起到拨云见日的作用，他们很需要这方面的帮助。

（三）反思层相关因素

1. 品牌

事实上乘用车的购买需求已经逐渐开始摆脱功能性层次，上升到心理和精神层面。虽然较少听到消费者说某个汽车品牌更适合自己，但这并不是消费者对品牌情感缺乏需求，而是目前市场上大多数的汽车品牌还不能提供充分的品牌内涵以引起消费者情感层面的共鸣。

据一些权威机构调查显示，在购车过程中，60%的消费者购车时会考虑品牌因素。

品牌形象是对某种品牌的图解式记忆。它包含目标消费者对产品属性、功用、使用情境、使用者、制造商与经销商之特点的理解。

2. 安全性

我国迈入汽车社会的步伐在急剧地加快，消费者对汽车的认识已经从单一、片面的价格配置考量逐步向汽车的本质因素转移，越来越多的消费者已经把注意力放在了汽车安全因素上面。

例如，中国汽车技术研究中心参照欧洲NCAP碰撞测试的经验，并结合我国交通事故中车体以及车内人员所受到的实际损害统计参数，推出了符合我国国情的新车“安全”评估体系C—NCAP。在首次评测结果公布以后，有许多购车者都表示，客观的评测对于消费者来说是十分有参考价值的。

3. 环保性

能源和环境正在成为影响世界汽车产业发展的两大决定性因素。进入新世纪以来，以混合动力、燃料电池、先进柴油、纯电动、生物燃料等为代表的新能源汽车技术呈现出突飞猛进的发展态势，各国政府和各主要汽车厂商均不约而同地将新清洁环保汽车技术视为未来全球汽车产业竞争的制高点。普通消费者也越来越关心汽车尾气污染和地球变暖等问题，购车时也开始考虑环保性因素。

第三节　消费者轿车购买心理的解析

一、直接影响与间接影响程度

基于分析、归纳所得到的影响消费者决策行为因素，再次通过问卷调查的方式寻找因素之间的相互影响。

本次问卷调研资料的收集地点为一线城市汽车 4S 店；访问对象为有购买汽车意愿的消费者；受访者共计 50 位；问卷调查过程历时 3 个月。

将得到的数据计算平均值后得到决策因素直接影响关系矩阵 **Z**，如表 2–4 所示。

表 2–4　直接影响关系矩阵

		1	**2**	**3**	**4**	**5**	**6**	**7**	**8**	**9**	**10**	**11**	**12**
		环保性	品牌	燃油经济性	外观	售前服务	操控性	内部空间及舒适性	价格	内饰	动力性	售后维修保养	安全性
1	环保性	0	0.862	1.966	0.345	0.517	0.724	0.552	1.759	1.103	1.379	1.241	0.69
2	品牌	0.621	0	0.862	2.138	1.793	1.31	1.551	2.482	1.655	1.69	2.172	1.966
3	燃油经济性	2.379	1	0	0.276	0.31	0.931	0.345	1.724	0.31	1.655	0.828	0.414
4	外观	0.345	1.655	0.379	0	0.379	0.655	0.931	1.793	0.655	0.517	0.414	0.793
5	售前服务	0.276	1.862	0.207	0.172	0	0.172	0.207	1.034	0.172	0.172	0.759	0.345

（续表）

		1	2	3	4	5	6	7	8	9	10	11	12
6	操控性	0.517	1.31	1.138	0.276	0.138	0	0.586	1.551	0.345	1.655	0.655	1.69
7	内部空间及舒适性	0.517	1.414	0.379	0.897	0.241	0.586	0	1.793	2.034	0.345	0.586	0.897
8	价格	0.862	1.897	1.207	1.621	1.414	1.517	1.897	0	1.759	1.724	1.551	1.379
9	内饰	0.966	1.345	0.172	0.759	0.31	0.517	1.931	1.897	0	0.207	0.483	0.69
10	动力性	1.241	1.517	1.483	0.414	0.31	1.69	0.483	2.103	0.31	0	0.69	1.483
11	售后维修保养	0.655	1.621	0.655	0.448	0.69	0.69	0.448	1.517	0.517	0.724	0	1.241
12	安全性	0.379	1.828	0.552	0.621	0.552	1.379	0.586	1.931	0.517	0.966	0.69	0

通过本研究团队所开发的 DEMATEL 分析程序工具，计算出 λ、标准化直接关系矩阵 **X**、直接 / 间接关系矩阵 **T**，并进一步得到各因素的 D 值与 R 值，求得 D+R（中心度）、D–R（原因度），如图 2–2 所示。

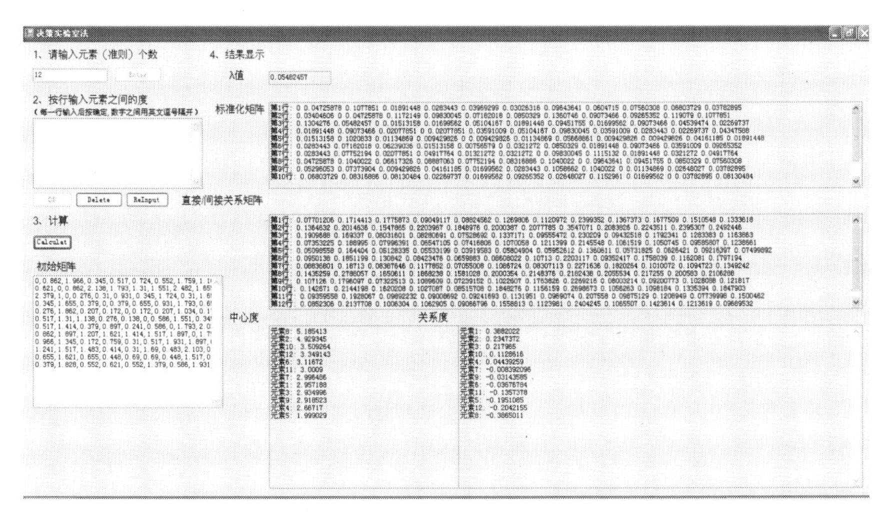

图 2–2 DEMATEL 分析程序工具界面与运算结果

二、中心度与原因度

运用程序工具进行计算，所得各因素的中心度（D+R）与原因度（D–R）结果，如表 2–5 所示。

表 2–5　各个因素的中心度（D+R）与原因度（D–R）结果

	D+R		D–R
因素 8	5.185 413	因素 1	0.388 202 2
因素 2	4.929 345	因素 2	0.234 737 2
因素 10	3.509 264	因素 3	0.217 965
因素 12	3.349 143	因素 10	0.112 861 6
因素 6	3.116 72	因素 4	0.044 392 59
因素 11	3.000 9	因素 7	–0.008 392 096
因素 7	2.996 486	因素 9	–0.031 435 85
因素 1	2.957 188	因素 6	–0.036 767 84
因素 3	2.934 996	因素 11	–0.135 737 8
因素 9	2.918 523	因素 5	–0.195 108 5
因素 4	2.667 17	因素 12	–0.204 215 5
因素 5	1.999 029	因素 8	–0.386 501 1

当 D+R（中心度）值越大时，表示此因素占整体评估因素的重要性越大。因此，消费者轿车购买决策的影响因素的重要性依次为：【因素 8：价格】、【因素 2：品牌】、【因素 10：动力性】、【因素 12：安全性】、【因素 6：操控性】、【因素 11：售后维修保养】、【因素 7：内部空间及舒适性】、【因素 1：环保性】、【因素 3：燃油经济性】、【因素 9：内饰】、【因素 4：外观】、【因素 5：售前服务】。

当 D–R（原因度）正值越大时，表示此因素直接影响其他评估因素；而当 D–R（原因度）的负值越大时，表示此因素被其他评估因素所影响。因此，根据 D–R（原因度）的顺序，依次为：【因素 1：环保性】（D–R 正值最大）为主要影响其他因素的重要因素，【因素 8：价格】（D–R 负值最大）则为被其他因素所影响的重要因素。

三、DEMATEL 因果图

由消费者总影响关系矩阵，依据各因素的关系位置，绘出消费者轿车购买决策的影响因素（即图中“题项”）之间的因果关系，如图 2–3 所示。

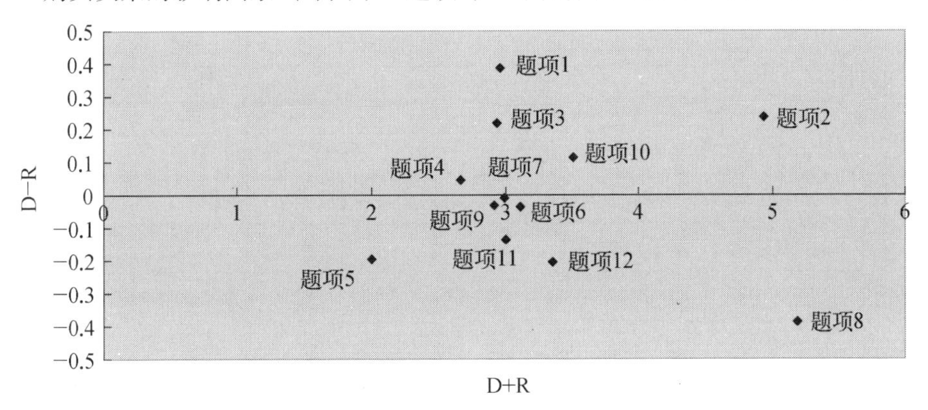

图 2–3　因素之间的因果关系（未表示出因素间的影响方向及其强度）

四、购买决策的关键影响因素

在上述影响消费者轿车购买行为的评估因素结构中，如表 2–6 所示，因素 8、因素 2、因素 10 的 D+R（中心度）排序为前三名，因此，【因素 8：价格】、【因素 2：品牌】及【因素 10：动力性】为最关键的决策影响因素。此外，【因素 9：内饰】、【因素 4：外观】及【因素 5：售前服务】，由于其 D+R（中心度）排序为最后三名，显示此三项评估因素对其他因素的相对影响较小。

表 2–6　中心度（D+R）值排序分别为前三名、最后三名的因素

(D+R) 前三项	(D+R) 后三项
【因素 8：价格】	【因素 5：售前服务】
【因素 2：品牌】	【因素 4：外观】
【因素 10：动力性】	【因素 9：内饰】

五、直接影响关系与被影响关系

直接影响关系与被影响关系的分析结果如表 2–7 所示，从中可看到消费者所看重的前三名因素，即【因素 1：环保性】、【因素 2：品牌】及【因素 3：燃油经济性】为前三项重要直接影响因素。【因素 8：价格】、【因素 12：安全性】及【因素 5：售前服务】为最主要被影响因素。

表 2–7　原因度（D–R）值排序分别为前三名、最后三名的因素

(D–R) 前三项	(D–R) 后三项
【因素 1：环保性】	【因素 8：价格】
【因素 2：品牌】	【因素 12：安全性】
【因素 3：燃油经济性】	【因素 5：售前服务】

六、小结

总之，本研究经过相关文献探讨与问卷调查结果整理，以 DEMATEL 为方法，借助所开发的程序工具进行运算后，分析、筛选出十二项消费者轿车购买决策的影响因素，并进一步完成消费者轿车购买决策影响因素的因果关系分析，剖析消费者轿车购买决策活动的心理结构。

关于消费者轿车购买决策的关键影响因素。因果关系图分析显示，在本研究完成之时，价格因素仍然是中国消费者选购轿车时的最重要决策影响因素。即对消费者而言，此项是很重要的先决评估因素，此因素会直接影响对其他因素的考量。可见消费者对轿车的购买欲望受到汽车价格的影响是明显的。

关于轿车购买决策的潜在影响因素。从本研究结果中我们也意外地发现，如今的消费者对于价格之外的一些潜在需求已经悄然上升至新的层面，动力性、安全性、操控性、内部空间及舒适性、环保性以及外观、品牌，这些给消费者带来感性体验和价值的需求，使他们更懂得要选择有真正需要、合适自己的那款汽车。消费者对于这些性能和附加价值的关注度日益

提高，也预示着今后整车供应商必须对技术革新、造型设计和品牌价值越来越重视。

实际上，值得关注的是，近几年来我国家用轿车消费市场急速扩大，汽车产销量连续三年居于世界第一，家用轿车市场的竞争变得异常激烈，轿车外观、内饰的美观性已在消费心理中变为重要因素，外观视觉形象与品牌形象之间的交互影响作用也越来越明显。

第四节　消费者轿车外形认知的心理解析

一、概述

本研究团队几年前以DEMATEL方法为工具，对消费者轿车购买决策的心理结构、因素间相互关系进行了系统分析，已经发现轿车消费者重视造型、品牌等有附加价值因素的端倪。如今中国的汽车市场已经出现了新的格局：在主要的性能 / 价格比范围，随着消费者选择余地越来越大，对于汽车造型的要求越来越高。汽车造型已成为企业进行差异化竞争的重要手段。如何找准着力表现的主要造型角度和特征，使其既符合目标人群的审美倾向，又作为产品差异化竞争的手段，成为一个值得加以探讨的重要课题。

在现实经验中，消费者在观察一辆家用轿车实车时，从空间、尺度上的正常关系来看，主要有前面、前侧面、侧面、后侧面、后面等5个常规观看角度（如图2–4所示）。那么在消费者心理中，他们潜意识里更加看重一辆轿车哪个角度的造型呢？

就此问题，我们再次引入DEMATEL方法进行研究。

二、DEMATEL分析及其结论

在前期调研中，邀请16名年轻消费者作为被试进行问卷调研，得到轿车外形观看五个角度因素的直接影响关系矩阵，如表2–8所示。

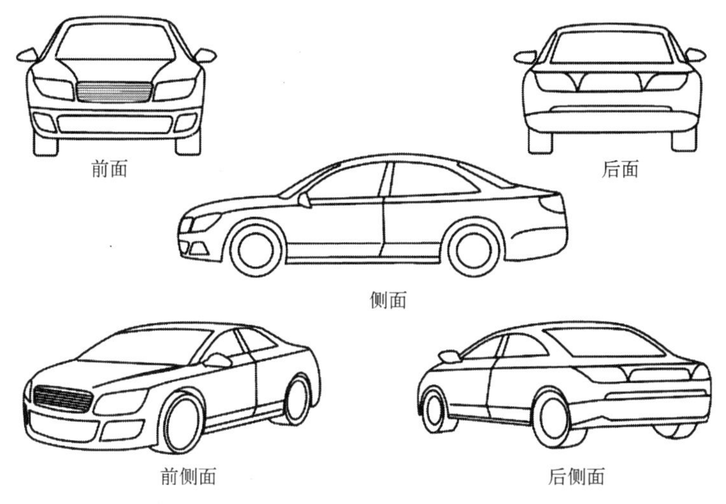

图 2-4 观察家用轿车时的五个常规角度

表 2-8 直接影响关系矩阵

		1	2	3	4	5
		前面	后面	侧面	前侧面	后侧面
1	前面	0	2.187 5	2.937 5	3.812 5	2.562 5
2	后面	3.875	0	3.562 5	4.375	3.5
3	侧面	2.937 5	2.25	0	3.5	2.875
4	前侧面	2.875	2.312 5	3.125	0	2.312 5
5	后侧面	3.5	2.375	3.375	3.625	0

借助本研究团队开发的 DEMATEL 方法程序工具，进行数据运算。运算界面与结果输出如图 2–5 所示。

从运算结果中，分别列出 5 个观看角度因素的中心度（D+R）、原因度（D–R）的值，如表 2–9、表 2–10 所示。

表 2-9 五个角度因素的中心度（D+R）值

【因素 4: 前侧面】	【因素 3: 侧面】	【因素 1: 前面】	【因素 2: 后面】	【因素 5: 后侧面】
8.149 018	7.801 983	7.795 451	7.756 964	7.645 144

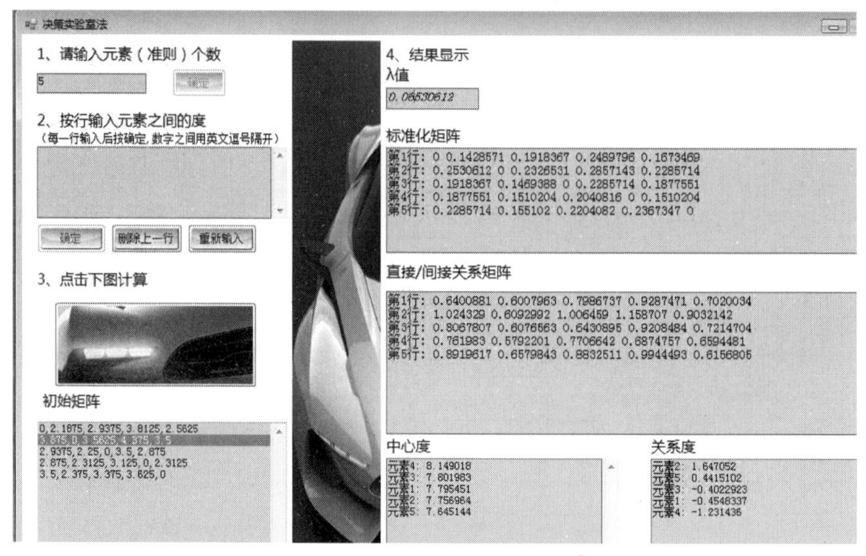

图 2-5 程序工具界面及运算过程和结果[④]

表 2-10 五个角度因素的原因度（D-R）值

【因素 2: 后面】	【因素 5: 后侧面】	【因素 3: 侧面】	【因素 1: 前面】	【因素 4: 前侧面】
1.647 052	0.441 510 2	−0.402 292 3	−0.454 833 7	−1.231 436

从表 2–9 中可以看到，【因素 4：前侧面】是消费者心理中最为关注、重视的轿车造型角度。在这个角度下，外观造型的前面、侧面和部分俯视面（例如轿车的发动机罩），都在正常视野中。其次是【因素 3：侧面】这一角度。由此可见，下述问题具有重要的研究价值，即消费者是如何认知、评价从前侧视、侧视角度展现的汽车外观造型的呢？

汽车造型设计大师乔治亚罗（Fabrizio Giugiaro）曾经说过：“造型设计决定了一款车的命运，这并不是危言耸听。”汽车市场的长期激烈竞争也表明了造型设计对于一辆轿车取得成功的重要性。考虑到前侧视、侧视角度展现的汽车外观造型对消费者心理认知的重要性，后面将在专门章节进行深入的探讨。

本章注释：

① 林宗明 . 管理问题因果复杂度分析模式建立之研究——以 DEMATEL 为方法论 [D] . 桃园：中原大学，2005.

② 胡雪琴 . 企业问题复杂度之探讨及量化研究——以 DEMATEL 为分析工具 [D] . 桃园：中原大学，2003.

③（美）诺曼（Norman，D.A.），著 . 情感化设计 [M] . 付秋芳，程进三，译 . 北京：电子工业出版社，2005.

④ 刘岗，黄定，刘春荣 . 基于决策实验室法的汽车造型特征偏好研究 [J] . 中国包装工业，2014，(12).

第 三 章

吸油烟机产品创新与设计策略

第一节 概 述

随着人们家居生活水平和对生活用品品质要求的日益提高，人们对家用电器产品美感的要求也越来越高。本研究针对城市年轻居民对家用吸油烟机产品造型的感性意象判断，研究消费者对家用吸油烟机产品造型的审美特点和偏好，为产品创新和开发提供设计策略与指导方向。吸油烟机是城镇居民厨房必备的家用电器之一，另外，越来越多的城市年轻居民装修厨房的时候，乐于亲自去购买自己喜欢的厨房电器。因此本研究以城市年轻居民消费者为对象展开相关研究，所选被试主要集中在上海和新疆两地。

为了初步了解现阶段城市年轻居民对待吸油烟机产品的态度，以及在购买时有可能会看重的因素，本研究设计了一份简短的网络问卷，调查消费者在购买吸油烟机过程中是否看重吸油烟机产品的外观、在购买吸油烟机过程中所看重的因素、愿意花更多钱去购买一款吸油烟机的可能原因。问卷发送给 50 位被试填写，最后收回 30 份有效问卷，其中男、女性各 15 人；年龄以 18 岁至 35 岁的居多，居住地区为新疆部分城市和上海，学历以中高学历（大专以上）为主；吸油烟机使用频率以经常使用和偶尔使用占多数（占 63.33%）。结果显示：86.67% 的被试在价格相同的情况下更愿意购买外观精美的吸油烟机产品，13.33% 的被试非常看重吸油烟机外观，并愿意花更高的价格购买外观精美的吸油烟机（如图 3–1 所示）；在被试购买吸油烟机时所看重的因素中，吸油烟效果占据第一位，86.67% 的被试都选择了看重吸油烟效果（如图 3–2 所示），70% 的被试选择了看重性价比，60% 的被试选择了看重清洗难易度，选择品牌和噪声选项的人数比例相同，均占 50%，看重外观的被试占 43.33%，而选择操作难易度的被试只占 23.33%；在愿意花更多钱购买吸油烟机的原因当中，产品的外观与品牌占据头筹，占 53.33%（如图 3–3 所示）。

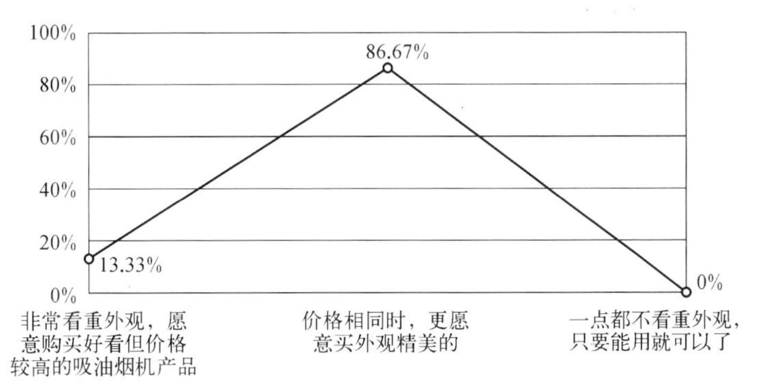

图 3–1　是否看重吸油烟机外观

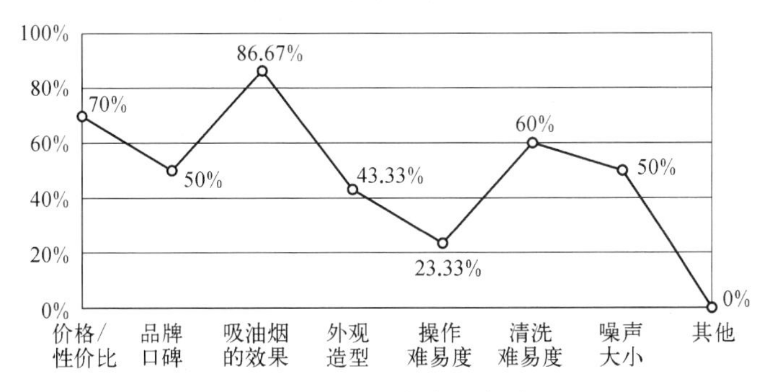

图 3–2　购买吸油烟机时看重的因素

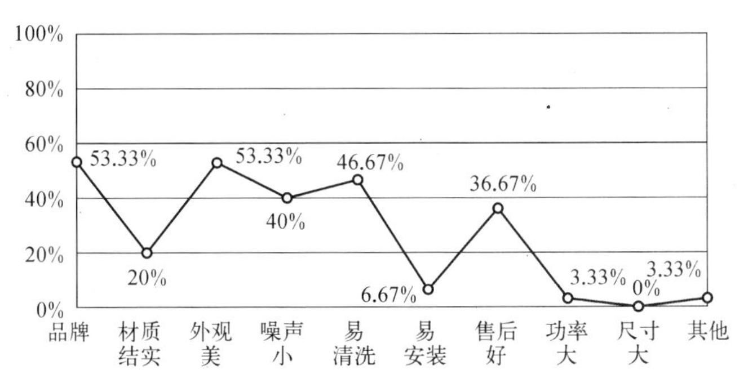

图 3–3　愿意多花钱购买吸油烟机的原因

由此可以推论出，绝大部分消费者在产品价格相同时，更愿意购买外观精美的吸油烟机产品。在购买时所看重的因素当中，消费者依然很看重吸油效果、噪声、性价比等因素，但也有接近一半的消费者已经开始看重外观；在愿意花更多钱购买的原因当中，外观则与品牌同等重要，占据最重要因素的位置，这一结果符合前面的分析预测，现阶段城市年轻居民在购买吸油烟机的时候，产品的外观已经成为不容忽视的主要因素之一。

第二节　代表性产品和意象词的选取

一、产品样品收集及筛选

家用吸油烟机大致可以分为欧式、中式、侧吸式三大类，各类产品的优、缺点详见表 3–1 所示。

表 3–1　三类家用吸油烟机产品优缺点汇总

	欧式吸油烟机	侧吸式吸油烟机	中式吸油烟机
优　点	1. 油烟分离 2. 噪声小 3. 节能环保 4. 外表美观时尚 5. 可以有多重面料选择，增加了厨房的亮点 6. 样式比较新颖 7. 尺寸较大	1. 吸油面积大 2. 不污染环境 3. 抽油烟效果好 4. 电机不粘油，使用寿命长 5. 清洗方便	1. 价格低廉 2. 电机功率较大 3. 抽油烟效果较好 4. 节能
缺　点	A. 生产工艺复杂 B. 材料成本较高，售价高	A. 噪声比较大 B. 售价高于欧式吸油烟机和中式吸油烟机	A. 噪声大 B. 油烟不分离 C. 对周围环境有一定的污染

结合年轻消费者相对更看重产品外观的特点，本研究最后决定选取欧式吸油烟机为研究对象。

通过网络平台，搜集了中国市场上较受欢迎的 11 个品牌（见表 3–

2)、98 款欧式吸油烟机的正视图，去除造型明显相似、图片质量低劣及拍摄角度偏差较大的图片，得到 92 款（详见附录 3-1）。同时为了减少产品造型以外的因素对消费者的影响，对所有产品图片进行以下统一处理：统一图片的尺寸并编号、处理为黑白图片、去除产品 Logo、去除图片的背景并统一为白底色。将处理好的图片打印出来供后续实验使用。

表 3-2　吸油烟机品牌及每个品牌产品数量

品牌	方太	海尔	华帝	康纳	老板	美的	万和	西门子	樱花	德意	帅康
数量	15	11	8	5	12	4	2	3	5	11	16
共计	92										

二、样品分组任务

（一）实验工具开发

1. 数据录入程序

本研究专门编写了数据录入程序，它的主要功能是将分组实验记录的结果（即组号和图片编号），通过设定的算法，转换为样品之间的“相似性”（或“不相似性”）。相似性体现样品造型之间的差异，相似性值越大，造型相似程度越高。将结果输出为 txt 文件，供后续实验使用。

2. 程序主界面

该程序使用 Visual Basic 语言编写，最终生成可执行文件，可在 Widows 操作系统下运行。程序主界面由个人信息部分、数据输入框部分（输入框编号即为分组实验记录的组号，数据输入框内输入的数据即为记录的图片编号）和按键部分组成，如图 3-4 所示。具体操作步骤及程序反馈如图 3-5 所示。

（二）实验过程

邀请 36 名城镇居民作为被试，其中上海地区 16 名，男、女性各 8 名，年龄为 23—35 岁，25—30 岁者居多（占 55%），大专至博士学历，

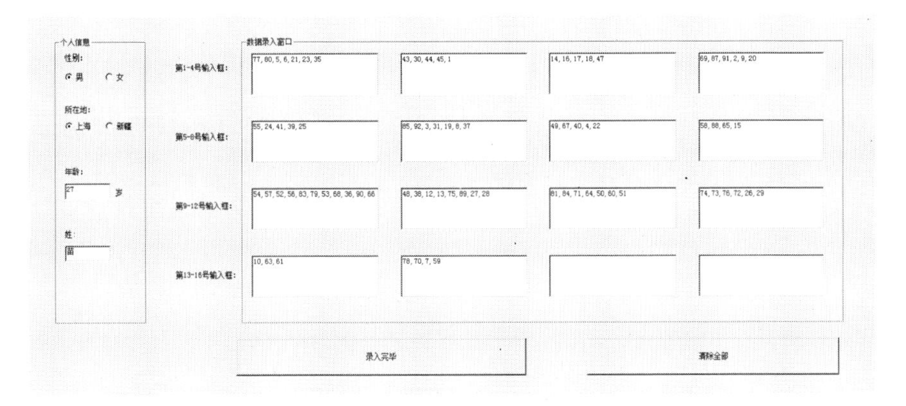

图 3-4 数据录入程序界面

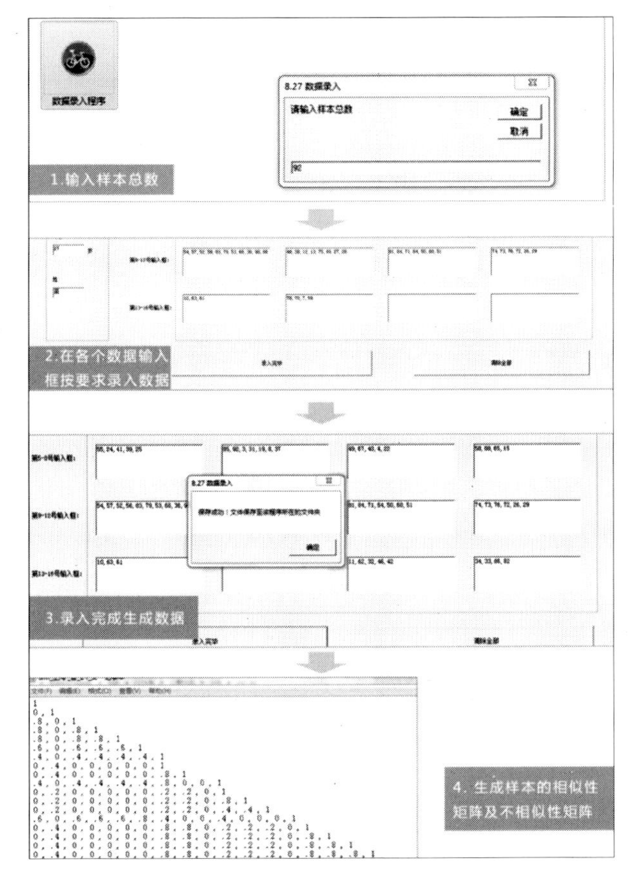

图 3-5 数据录入程序界面及说明

硕士居多，未婚居多（占75%），职业为大学教师、外企员工、设计师、个体户、大学生等；新疆地区20名，男、女性各10名，年龄为22—34岁，25—30岁者居多（占70%），大专至研究生学历，本科居多，已婚者居多（占55%），职业为高中教师、警察、企业员工、公务员、个体户、大学生等。

实验地点选在相对比较安静、明亮的环境，实验时，首先向被试详细介绍分组原理及目的，然后让被试将打印出来的92张吸油烟机图片，根据自己对图片中外观造型的感觉，进行分组。如果被试可以很清楚地说出自己分组的标准，以及对产品造型的主观认识，也对这些信息加以记录。

最后，获得每一位被试对92款产品外观造型相似性评价的结果（一份相似性矩阵及不相似性矩阵的数据文件）。将36份相似性矩阵导入Microsoft Office Excel软件中，计算出相似性矩阵的均值。

三、代表性样品的挑选

将经平均处理得到的相似性矩阵数据导入SPSS软件，进行聚类分析。首先选用组间连接的方法，得出将92个样品分组的组数以及每个组内样品的个数，见表3–3，并可以获得分组过程的树状图，见图3–6。由该图可以直观地看出整个分类的过程及结果，依据分群的状况选出最适合的类别数。根据分类情况，采取8类最为合适（如图中虚线所示）。

表3–3 各类的吸油烟机样品个数（组间连接法）

	1	2	3	4	5	6	7	8
Average linkage(8)	15	3	13	18	16	17	5	5
Average linkage(7)	15	3	13	18	33	5	5	
Average linkage(5)	18	13	18	33	10			

从表3–3中可以直观地看出，把92款吸油烟机分为8类是相对合适的。

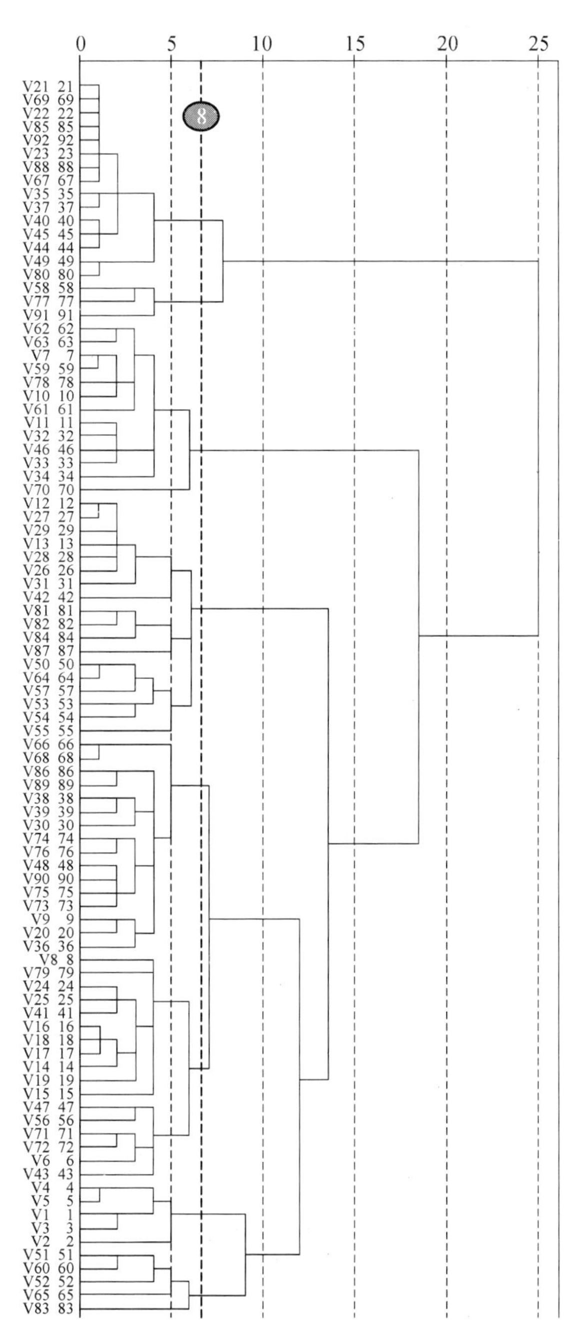
0
5
10
15
20
25
8
V21 21
V69 69
V22 22
V85 85
V92 92
V23 23
V88 88
V67 67
V35 35
V37 37
V40 40
V45 45
V44 44
V49 49
V80 80
V58 58
V77 77
V91 91
V62 62
V63 63
V7 7
V59 59
V78 78
V10 10
V61 61
V11 11
V32 32
V46 46
V33 33
V34 34
V70 70
V12 12
V27 27
V29 29
V13 13
V28 28
V26 26
V31 31
V42 42
V81 81
V82 82
V84 84
V87 87
V50 50
V64 64
V57 57
V53 53
V54 54
V55 55
V66 66
V68 68
V86 86
V89 89
V38 38
V39 39
V30 30
V74 74
V76 76
V48 48
V90 90
V75 75
V73 73
V9 9
V20 20
V36 36
V8 8
V79 79
V24 24
V25 25
V41 41
V16 16
V18 18
V17 17
V14 14
V19 19
V15 15
V47 47
V56 56
V71 71
V72 72
V6 6
V43 43
V4 4
V5 5
V1 1
V3 3
V2 2
V51 51
V60 60
V52 52
V65 65
V83 83

图 3-6　树状图

此时，最大类别含有18个样品，占全部样品的19.5%，最小类别含有3个样品，占全部样品的3.2%。而其他分类方式则会使得某一类中含有的样品个数过多。

然后以K–Means法进行聚类分析。设定类别数为8，可算出每个样品与其所在类别中心的距离，见表3–4，选出每类中距离中心最小者为该类的代表性样品。8个代表性样品的编号分别为27、4、91、75、53、19、10、23，对应的代表性的吸油烟机产品，如图3–7所示。

表3–4 K–Means聚类结果

组别	编号	类	距离	编号	类	距离
第1组	**27**	1	.550	31	1	.624
	29	1	.554	81	1	.708
	12	1	.566	82	1	.786
	28	1	.596	84	1	.792
	13	1	.604	42	1	.849
	26	1	.622			
第2组	**4**	2	.636	1	2	.829
	5	2	.679	52	2	.840
	2	2	.680	65	2	.933
	3	2	.748	60	2	.944
第3组	58	3	.525	**91**	3	.630
	77	3	.550			
第4组	**75**	4	.524	74	4	.630
	90	4	.525	38	4	.632
	48	4	.552	73	4	.633

（续表）

组 别	编 号	类	距 离	编 号	类	距 离
第4组	76	4	.638	20	4	.705
	39	4	.665	68	4	.745
	86	4	.680	66	4	.811
	89	4	.680			
第5组	**53**	5	.575	54	5	.646
	57	5	.582	55	5	.723
	50	5	.614	87	5	.929
	64	5	.629			
第6组	**19**	6	.596	8	6	.743
	14	6	.621	6	6	.750
	47	6	.645	15	6	.752
	25	6	.655	9	6	.755
	43	6	.674	36	6	.772
	17	6	.695	56	6	.784
	18	6	.698	30	6	.797
	16	6	.705	71	6	.830
	24	6	.713	72	6	.919
	41	6	.727	83	6	.926
	79	6	.731	51	6	.988
第7组	**10**	7	.577	78	7	.598
	46	7	.581	7	7	.611
	59	7	.584	11	7	.617
	62	7	.595	63	7	.635

（续表）

组 别	编 号	类	距 离	编 号	类	距 离
第7组	61	7	.671	34	7	.784
	32	7	.672	70	7	.898
	33	7	.685			
第8组	**23**	8	.435	35	8	.502
	69	8	.444	45	8	.542
	85	8	.458	40	8	.547
	92	8	.462	37	8	.551
	22	8	.470	44	8	.583
	21	8	.480	49	8	.711
	67	8	.485	80	8	.792
	88	8	.497			

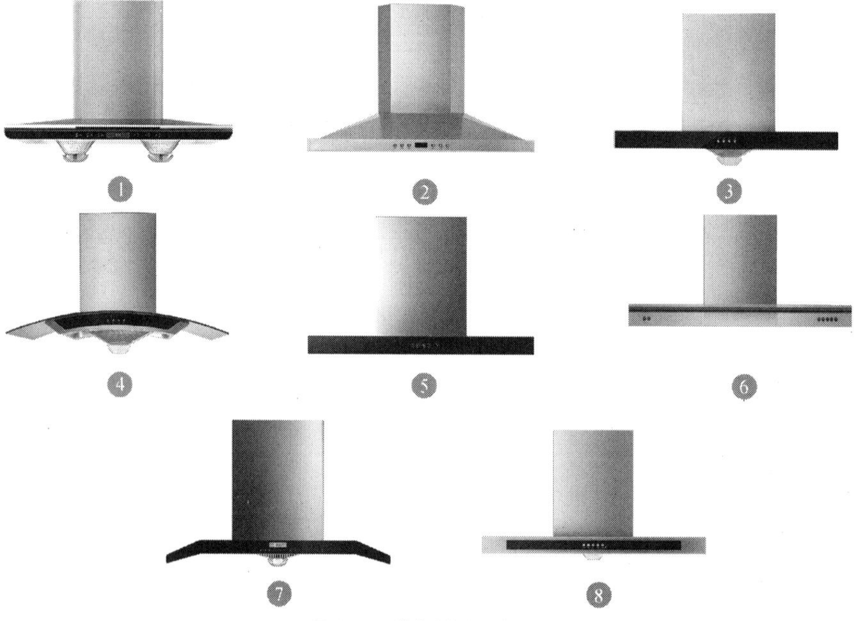

图 3-7 八款代表性产品造型

四、心理认知图

将分组实验过程中得到的不相似性矩阵导入 SPSS 软件，使用多维尺度法，经最优尺度变换得到结果，如表 3–5 所示。

表 3–5　多维尺度法分析

Normalized Raw Stress	**.0250**
Stress-Ⅰ	.1580[a]
Stress-Ⅱ	.3372[a]
S-Stress	.0597[b]
Dispersion Accounted For (D.A.F.)	**.9750**
Tucker's Coefficient of Congruence	.9874

PROXSCAL minimizes Normalized Raw Stress.
a. Optimal scaling factor = 1.026.
b. Optimal scaling factor = .986.

表 3–5 给出的是模型拟合度的基本情况，从该表可看出 stress 为 0.025，另一个指标 Dispersion Accowunted For（D.A.F）指标为 0.975，已经很接近 1 了，根据常用的 stress 优劣尺度：若 stress≤5% 为好，stress≤2.5% 为很好，可知模型的拟合效果比较好。

多维尺度法也被称为 Perceptual Mapping，意味着降维得到的图形映射出人们的心理认知。研究者可以利用得到的 MDS 图形而描述性地将变量或样品进行分类。多维尺度法通过把研究对象的数量结构关系转化为直观的图形，来达到表现统计资料的目的，其特点是简明具体、生动直观、易于理解。图 3–8 为消费者对吸油烟机产品的心理认知图。结合前面聚类分析，并将 8 个代表样品的位置标注出来，如图 3–9 所示。可以发现，8 个代表样品分布得比较均匀，处于认知图的各个区域。根据每一个代表样品的位置描绘出每一分组的区域，如图 3–10 所示。

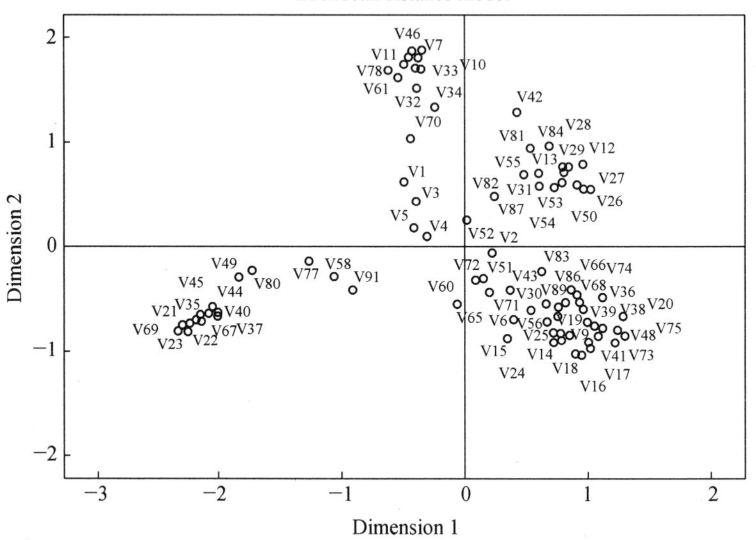

图 3-8 心理认知图

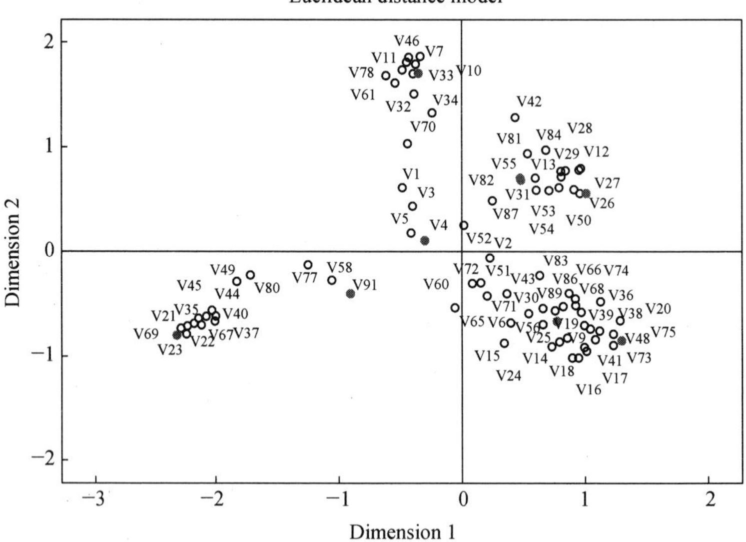

图 3-9 代表性样品（以实心圆点标示）在心理认知图中的位置

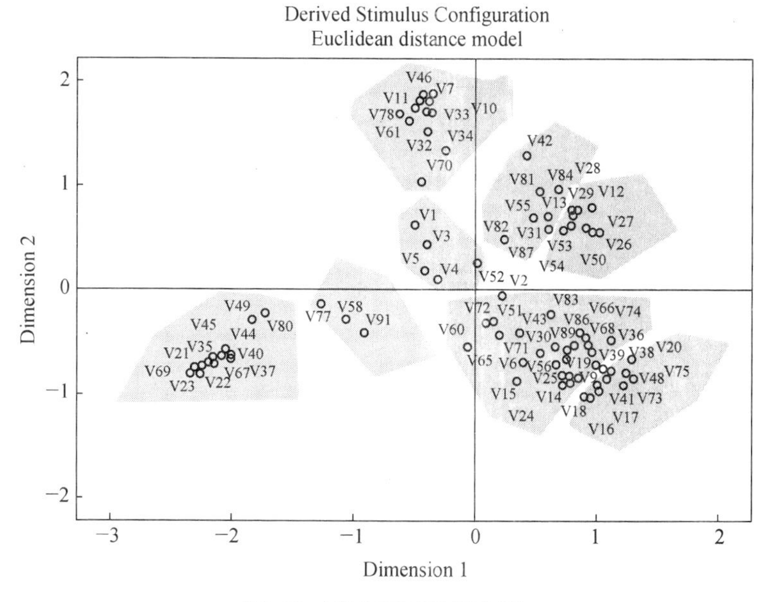

图 3-10　心理认知图与聚类分组的叠放

五、代表性意象词的挑选

首先，从各大品牌吸油烟机的产品宣传册、网站及相关文献中，搜集用来描述吸油烟机产品造型的形容词，加上分组实验过程当中记录、筛选出来的形容词，共得到形容词 112 个。然后，在分组实验结束后，让被试从这 112 个形容词中，选出最符合他们对吸油烟机造型感觉的 20 个形容词并加以记录。最后，将所有被试选择的形容词录入 Microsoft Office Excel 软件中，统计各个形容词被选到的频率，如图 3-11 所示。

选出 9 个被选中次数的比例不小于 44.4% 的形容词，作为语义评价过程所使用的意象词。它们是：安全的、美观的、大方的、流畅的、时尚的、简约的、舒服的、明亮的，曲线的。分别将它们与自身反义词组成意象词词对，得到 9 对形容词词对，分别为：危险的—安全的、丑陋的—美观的、小气的—大方的、滞涩的—流畅的、传统的—时尚的、复杂的—简约的、别扭的—舒服的、暗淡的—明亮的、硬朗的—曲线的。

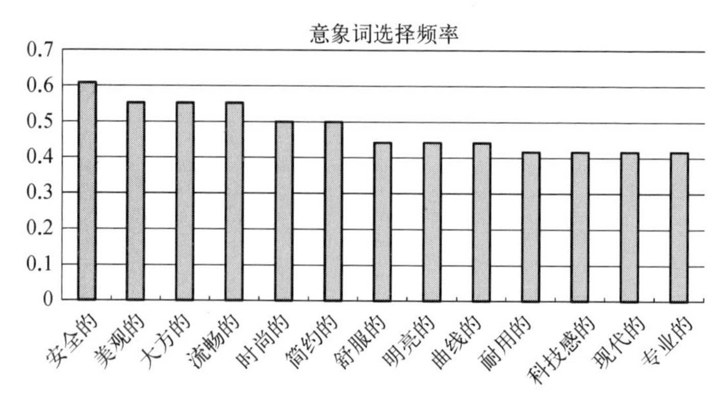

图 3-11 意象词选择频率统计

第三节　语义评价实验及数据分析

一、语义评价实验

（一）实验程序开发

1. 程序主要功能

代表性样品图片及意象词（形容词）词对，构成语义评价的实验素材。被试需要依次针对每一个意象词词对，使用设定的李克特量尺，对代表性样品图片的产品造型进行打分。通常的做法是将代表性样品图片结合意象词词对制作出纸质的问卷，但这种做法存在较大的局限性，如：耗费较大的财力、人力；需要人工将纸上记录的实验结果录入电脑当中，麻烦而且容易出错。

针对纸质问卷的不足，本研究使用 Visual Basic 语言编写、开发了语义评分程序，这个小程序在很大程度上解决或者改善了纸质问卷的缺点，具有较好的实用价值。

2. 程序界面

该程序刚启动时，出现简单的使用说明及个人信息录入部分（用于生成数据文件的命名）。当个人信息录入完成，“开始测试”按键会自动激活。点击该按键，进入语义评价主界面，如图 3–12 所示。

主界面中，在样品图片的左上角，指示当前样品图片的编号，分值部分的左上角，指示出当前的题目编号。本研究采用的量尺为 9 阶，采用分

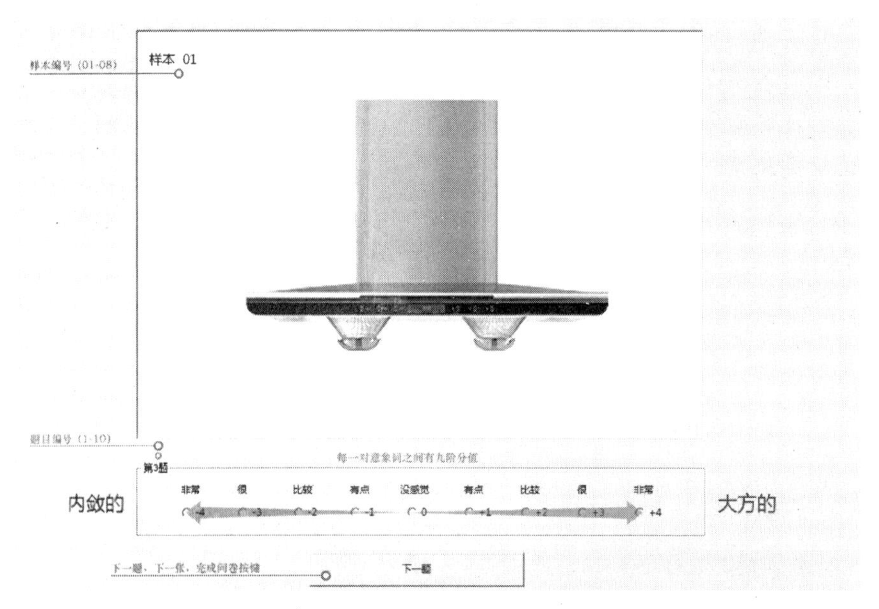

图 3-12 语义评价程序主界面

值（-4 到 +4）和文字描述同时出现的形式，方便被试选择和理解。在测试时，为了防止视觉疲劳及吸引被试注意到意象词的变化，本程序在每次点击“下一题”按键之后，意象词的颜色都会发生变化（以三种颜色循环）。

（二）实验过程

1. 被试情况

共有 20 名被试参与语义评价。其中，上海地区 10 名，且男、女性各半，学生身份的有 6 名，已参加工作者有 4 名，年龄为 23—32 岁，其中 25—30 岁者居多，已婚的占 20%，分别为大学教师、大学生、企业员工、设计师等，大专至硕士学历的占 70%；新疆地区 10 名，且男、女性各半，年龄为 23—36 岁，其中 25—30 岁者居多，分别为公务员、企业员工、大学生、教师等，大专至硕士学历，已工作的占 70%，已婚的占 40%。

2. 样品情况

将前面得到的 8 款代表性吸油烟机产品造型的图片，重新进行统一编号。

3. 量尺设定

在语义评价程序中，每一组意象词词对之间设定 9 个量尺刻度。被试通过选择区间上的数值（单选框按钮）来反映其在各个意象词词对评价上的方向与强度。如“危险的—安全的”这对意象词词对，选择“–4”即表示倾向于“非常危险”的语义评价，选择“0”表示没有明显的“危险”或“安全”判断性评价，选择“4”则表示倾向于“非常安全”的语义评价。

二、因子分析结果

将上述 20 名被试的语义评价数据导入 Microsoft Excel 软件，进行平均值处理，结果如表 3–6 所示。在 SPSS 软件中，以主成分分析方法进行因子分析。

表 3-6　语义评价评分均值

	样品 1	样品 2	样品 3	样品 4	样品 5	样品 6	样品 7	样品 8
危险的—安全的	0.6	1.55	0.4	1.15	0.95	1	0.2	1.5
丑陋的—美观的	0.55	0.45	–0.05	1.85	0.45	0.6	–0.3	1.7
小气的—大方的	0.8	0.85	0.9	1.8	0.65	0.6	0.25	1.8
滞涩的—流畅的	0.5	–0.6	0.1	2.15	–0.35	–0.5	0.15	1.65
传统的—时尚的	0.85	–0.45	0.55	2.55	0.4	–0.05	0	1.75
复杂的—简约的	1	1.55	1.95	0.95	2.55	1.7	0.3	2.2
别扭的—舒服的	0.6	0.7	0.25	1.75	0.85	0.65	–0.4	1.85
暗淡的—明亮的	1.6	1.1	1.05	1.6	0.4	0.6	0.2	1.65
硬朗的—曲线的	–0.6	–1.5	–1.6	2.8	–1.9	–1.6	0.1	–1.05

分析结果中，变量共同度（Communalities）表示各变量中所含原始信息能被提取的公因子所表示的程度，由表 3–7 所示的变量共同度可知：除了变量 1 和变量 8，其余所有变量共同度都在 80% 以上，而且大部分变量共同度都在 90% 以上，因此提取出这几个公因子对各变量的解释能力是较强的。

表 3-7　变量共同度分值

	Initial	Extraction
V1	1.000	.747
V2	1.000	.947
V3	1.000	.961
V4	1.000	.938
V5	1.000	.904
V6	1.000	.827
V7	1.000	.977
V8	1.000	.668
V9	1.000	.896

Extraction Method: Principal Component Analysis.

表 3-8 为主成分表，列出了进行方差最大化旋转后各因子载荷的情况。由表可以看出，只有前两个公因子的特征根大于 1，因此提取前两个公因子。在旋转后两个公因子的方差贡献率均发生了变化，但仍然会保持从大到小的顺序，而且前两个公因子的累积方差贡献率仍为 87.391%，与旋转前的完全相同，因此前两个公因子已经足够描述吸油烟机产品的造型语义。

表 3-8　主成分表

Component	Initial Eigenvalues			Extraction Sums of Squared Loadings			Rotation Sums of Squared Loadings		
	Total	% of Variance	Cumulative %	Total	% of Variance	Cumulative %	Total	% of Variance	Cumulative %
1	5.741	63.791	63.791	5.741	63.791	63.791	5.714	63.492	63.492
2	2.124	23.600	87.391	2.124	23.600	87.391	2.151	23.899	87.391
3	.559	6.209	93.600						
4	.430	4.777	98.377						
5	.072	.796	99.173						
6	.066	.733	99.906						
7	.008	.094	100.000						

（续表）

Component	Initial Eigenvalues			Extraction Sums of Squared Loadings			Rotation Sums of Squared Loadings		
	Total	% of Variance	Cumulative %	Total	% of Variance	Cumulative %	Total	% of Variance	Cumulative %
8	2.143E-16	2.381E-15	100.000						
9	-1.362E-16	-1.513E-15	100.000						

Extraction Method: Principal Component Analysis.

图 3-13 为碎石坡图（Scree Plot。Scree 一词来自地质学，表示在岩层斜下方发现的小碎石，这些碎石的地质学价值不高，可以忽略）。碎石坡图用于显示各公因子的重要程度，其横轴为公因子序号，纵轴表示特征根大小。它将公因子按特征根从大到小依次排列，从中可以非常直观地了解到哪些是主要公因子。前面陡峭的对应较大的特征根，作用明显；后面的平台对应较小的特征根，其影响不明显。由该图可见：前 2 个公因子的散点位于陡坡上，而后 7 个公因子的散点形成了平台，且特征跟均小于 1，因此至多考虑前两个公因子即可。

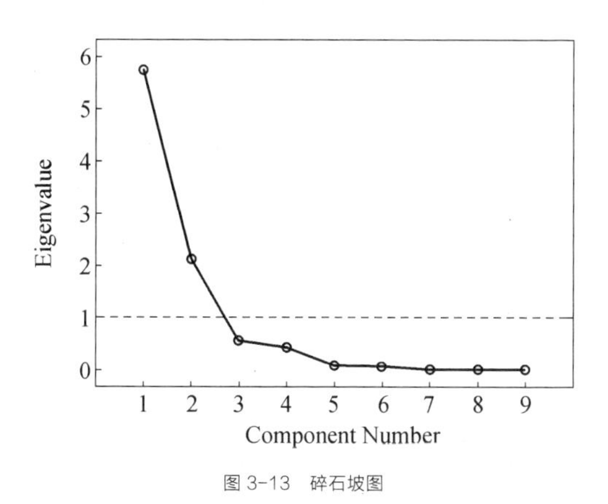

图 3-13　碎石坡图

图 3-14 为使用方差最大正交旋转方法得到的因子载荷图，散点的坐标实际上是因子载荷矩阵中的系数值。采用方差最大正交旋转方法，使

各因子仍然保持正交状态，但尽量使得各因子的方差差异达到最大，即相对的载荷平方和达到最大，从而方便对因子的解释，使各个因子的意义更加明显。

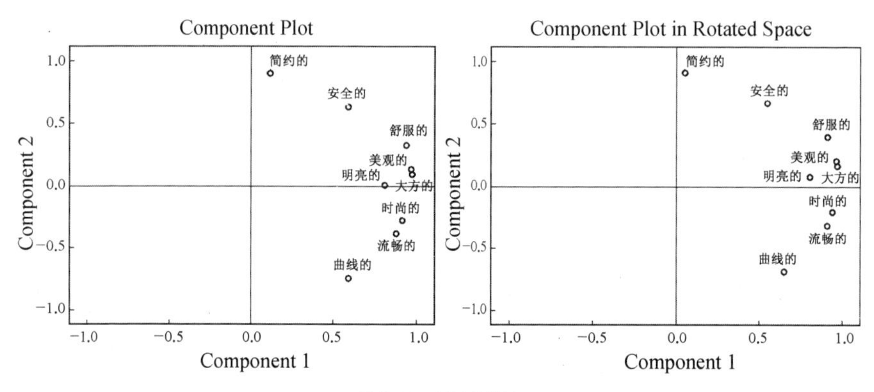

图 3-14 因子载荷图

表 3-9 为因子载荷矩阵。实际上因子载荷矩阵应该是各因子在各变量上的载荷，即各个因子对各个变量的影响度。进行方差最大旋转前后的因子载荷矩阵如表 3-9 所示，从表中可以看出，第一公因子在变量 V2、V3、V4、V5、V7、V8 上有较大的载荷，即从“丑陋的—美观的”、“小气的—大方的”、“滞涩的—流畅的”、“传统的—时尚的”、“别扭的—舒服的”、“暗淡的—明亮的”等词对来反映吸油烟机产品的造型语义，可以命名为美感因子，第二公因子在变量 V6 上有较大的载荷，即从“复杂的—简约的”这一词对上反映吸油烟机产品的造型语义，可以命名为风格因子。将此汇总后如表 3-10 所示。

表 3-9 因子载荷矩阵

Component Matrixa			**Rotated Component Matrixa**	
	Component		**Component**	
	1	**2**	**1**	**2**
危险的—安全的	0.585	0.636	0.528	0.684
丑陋的—美观的	0.964	0.132	0.949	0.215

（续表）

Component Matrixa			Rotated Component Matrixa	
	Component		Component	
	1	2	1	2
小气的—大方的	0.975	0.102	0.962	0.186
滞涩的—流畅的	0.892	−0.378	0.921	−0.300
传统的—时尚的	0.913	−0.265	0.932	−0.186
复杂的—简约的	0.104	0.903	0.025	0.909
别扭的—舒服的	0.930	0.335	0.897	0.414
暗淡的—明亮的	0.817	0.014	0.813	0.084
硬朗的—曲线的	0.589	−0.741	0.651	−0.688

表 3-10　因子分析结果

美感因子	风格因子
丑陋的—美观的 (V2)	复杂的—简约的 (V6)
小气的—大方的 (V3)	
滞涩的—流畅的 (V4)	
传统的—时尚的 (V5)	
别扭的—舒服的 (V7)	
暗淡的—明亮的 (V8)	

第四节　吸油烟机形态分析

需要借助形态分析法，提取吸油烟机产品造型中比较显著的造型构成元素及其处理手段，进行合理的归纳。同时，去除明显不合理的要素，例如在研究与整理过程中发现，吸油烟机面板上的装饰花纹及 Logo 背景的形状，它们并非吸油烟机产品自身的造型因素，但会影响到人们的判断，进而可能会影响实验结果的准确性，所以将其去除。

通过调研（附录 3–2）、整理和归纳，共得到主要的 6 个局部设计特征，分别为：外装饰罩、面板、底部、操作面板、连接部分和主体比例，如图 3–15 所示。

将 6 个局部设计特征（项目）分别加以分析，判断、归纳出每个设计

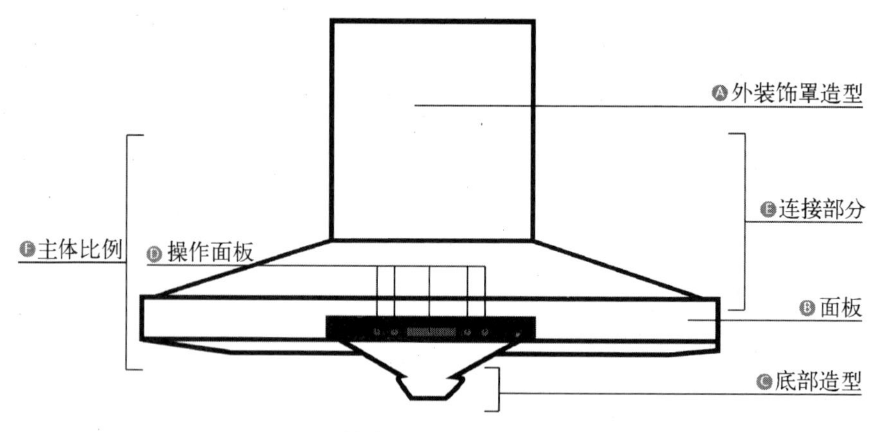

图 3-15　吸油烟机产品造型的主要局部设计特征

特征在形态上的可能形式（类目），如图 3–16 所示，从该图可以看出，借助形态分析法，将吸油烟机产品造型分解为 6 大项目、15 个类目。而由经验分析法[①]可知：样品数量为类目数与项目数的差值加 1。因此，至少需要 10 个吸油烟机样品，以进行后续的语义评价实验。

在底部造型项目中含有三个类目，因描述性文字复杂，所以使用 i、

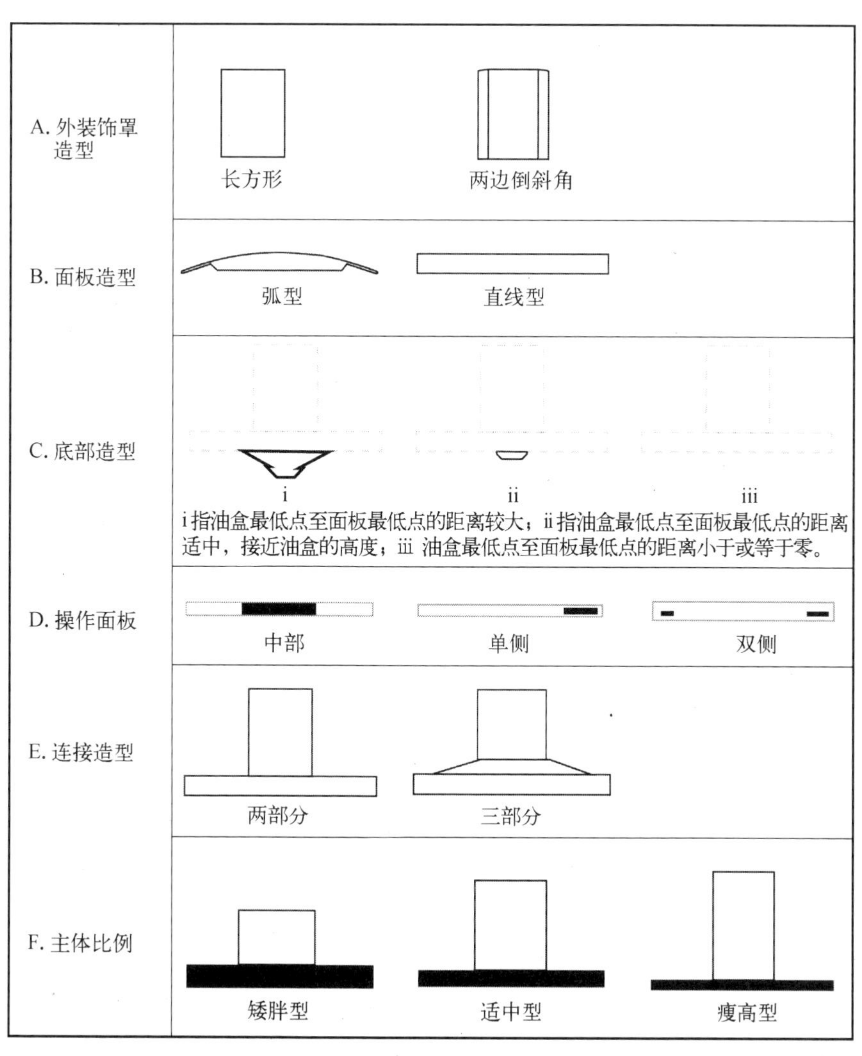

图 3–16　吸油烟机产品造型的形态分析结果

ⅱ、ⅲ三种类型指代：ⅰ类型指油盒最低点至面板最低点的距离较大；ⅱ类型指油盒最低点至面板最低点的距离适中，接近油盒的高度；ⅲ类型指油盒最低点至面板最低点的距离小于或等于零。

第五节　设计参考模型与设计策略

一、最终语义评价实验

从 92 款吸油烟机产品造型（图片）中，挑选 10 款吸油烟机样品，使之尽可能地均匀分配在每个项目的各类目，并且尽量使样品之间的差异拉大。将挑出的 10 个吸油烟机样品及 7 对意象词词对，导入语义评价程序中。重新寻找 20 位被试（新疆、上海地区各 10 人），他们对 10 款吸油烟机产品造型、依次使用每一组意象词词对进行评价。评价结果如表 3–11 所示。

表 3–11　最终语义评价结果

	丑陋的—美观的	小气的—大方的	滞涩的—流畅的	传统的—时尚的	复杂的—简约的	别扭的—舒服的	暗淡的—明亮的
样品 1	1.4	1.55	–0.1	0.95	0.9	1	1.2
样品 2	0.35	1	0.45	0.9	1.45	0.65	0.9
样品 3	1.2	1.1	1.35	1.65	0.35	0.9	0.9
样品 4	–0.55	0.45	–0.85	–0.6	0.65	–0.1	0.15
样品 5	–0.15	0.35	–0.3	–0.1	0.7	–0.25	0.05
样品 6	–0.75	–0.05	–0.25	0.15	1.1	–0.6	0.55
样品 7	0.95	1.35	0.9	1.45	2.1	0.8	0
样品 8	–0.7	–0.1	–0.55	–0.6	–1	–1.1	–0.35

（续表）

	丑陋的—美观的	小气的—大方的	滞涩的—流畅的	传统的—时尚的	复杂的—简约的	别扭的—舒服的	暗淡的—明亮的
样品 9	0.55	0.6	0.05	1	1.3	0.6	0.4
样品 10	0.25	0.65	0.85	0.75	−1.05	−0.2	−0.25

二、数量化理论 I 类

（一）数量化理论 I 类的名词解释

项目：定性变量名。本研究里指造型的各个局部设计特征，例如面板造型。

类目：定性变量的各种不同取值。这里指各局部设计特征的可能的造型样式，例如面板造型中的直线型、弧型等。

类目得分：各类目的得分值。

项目范围：每个设计特征中最大类目得分与最小类目得分之间的差值。用于衡量每个项目在整体预测中的贡献程度，即重要程度。

由前面形态分析的结果，本研究中吸油烟机造型特征共有 6 大项目（A—F）、15 大类目（类目由项目编号后加 1、2、3 表示，如 A1、A2 等），如表 3-12 所示。

表 3-12　吸油烟机产品形态分析所用的项目及类目

项目	外装饰罩造型 A		面板造型 B		底部造型 C			操作面板 D			连接造型 E		主体比例 F		
类目	A1	A2	B1	B2	C1	C2	C3	D1	D2	D3	E1	E2	F1	F2	F3
	长方形	两边倒斜角	弧型	直线型	ⅰ	ⅱ	ⅲ	中部	单侧	两侧	两部分	三部分	矮胖型	适中型	瘦高型
“ⅰ”指油盒最低点至面板最低点的距离较大；“ⅱ”指油盒最低点至面板最低点的距离适中，接近油盒的高度；“ⅲ”指油盒最低点至面板最低点的距离小于或等于零。															

（二）建立形态要素编码

假设有 n 个项目 X_1，X_2，…，X_n，第一个项目 X_1 有 C_1 个类目，第二个项目 X_2 有 C_2 个类目，…，第 n 个项目 X_n 有 C_n 个类目，则

$$\delta_i(x,k)=\begin{cases}1 & \text{当第 } i \text{ 样品中第 } x \text{ 项目的定性数据为第 } k \text{ 类类目时} \\ 0 & \text{其他}\end{cases}$$

其中，$\delta_i(x,k)$ 是指第 x 个造型设计特征中第 k 类目在第 i 个吸油烟机产品上的情况，如果有该类目的造型特征，则取值为 1，反之取值为 0[②]。这样，通过观察选出的 10 款吸油烟机产品样品的图片，可将各样品的造型特征加以量化，如表 3–13 所示。

表 3–13　吸油烟机形态要素量化表

	A1	A2	B1	B2	C1	C2	C3	D1	D2	D3	E1	E2	F1	F2	F3
样品 1	1	0	0	1	0	1	0	1	0	0	0	1	0	1	0
样品 2	1	0	0	1	0	0	1	0	0	10	1	0	0	1	0
样品 3	1	0	1	0	1	0	0	1	0	0	0	1	0	1	0
样品 4	0	1	0	1	0	0	1	1	0	0	0	1	0	1	0
样品 5	0	1	0	1	0	0	1	0	1	0	0	1	1	0	0
样品 6	1	0	0	1	1	0	0	1	0	0	1	0	0	1	0
样品 7	1	0	0	1	0	0	1	1	0	0	1	0	0	1	0
样品 8	1	0	0	1	1	0	0	1	0	0	0	1	0	0	1
样品 9	1	0	0	1	0	0	0	1	0	0	0	0	1	0	0
样品 10	1	0	1	0	0	0	1	1	0	0	1	0	0	0	1

（三）数量化理论Ⅰ类分析结果

进行数量化理论Ⅰ类分析时，通过 R Square 的值，可以看出统计结果的可信程度。本次分析中的 R Square 值如表 3–14 所示。一般情况下，R Square 值大于 0.7 时，数量化理论Ⅰ类分析的结果是可以被采纳的，本研究中 R Square 的值大于 0.9，具有较高的可信度。

表 3-14 决定系数

Model	R	R Square	Adjusted R Square	Std. Error of the Estimate	Change Statistics					Durbin-Watson
					R Square Change	F Change	df1	df2	Sig. F Change	
1	1.000[a]	1.000	.	.	1.000	.	9	0	.	2.531

a. Predictors: (Constant), F3, E2, C3, F1, B2, D3, C2, D2, A2
b. Dependent Variable：丑陋的与美观的

数量化理论 I 类分析的结果，即每个意象词词对所对应的类目得分，如表 3-15 所示。其中的项目范围值越大，表示该项目对于意象判断影响越大。而类目得分大小则代表各设计特征与各意象语义的相关程度。类目得分中，正值代表正向的意象，负值则代表对应的负向意象。

表 3-15 意象词词对的类目得分汇总表

意象词词对 1 丑陋的—美观的				意象词词对 2 小气的—大方的			
项目	类目	类目得分	项目范围	项目	类目	类目得分	项目范围
外装饰罩造型	长方形	0	2.85	外装饰罩造型	长方形	0	1.8
	倒斜角	−2.85			倒斜角	−1.8	
面板造型	弧型	0	0.6	面板造型	弧型	−0.25	0.25
	直线型	−0.6			直线型	0	
底部造型	i	0	1.7	底部造型	i	0	1.4
	ii	0.8			ii	0.7	
	iii	1.7			iii	1.4	
操作面板	中部	0	0.9	操作面板	中部	0	0.75
	单侧	−0.9			单侧	−0.75	
	两侧	−0.06			两侧	−0.035	
连接造型	两部分	0	1.35	连接造型	两部分	0	0.9
	三部分	1.35			三部分	0.9	

（续表）

意象词词对 1 丑陋的—美观的				意象词词对 2 小气的—大方的			
项目	类目	类目得分	项目范围	项目	类目	类目得分	项目范围
主体比例	矮胖型	1.3	2.6	主体比例	矮胖型	0.65	1.6
	适中型	0			适中型	0	
	瘦高型	–1.3			瘦高型	–0.95	
意象词词对 3 滞涩的—流畅的				**意象词词对 4 传统的—时尚的**			
项目	类目	类目得分	项目范围	项目	类目	类目得分	项目范围
外装饰罩造型	长方形	0	2.425	外装饰罩造型	长方形	0	2.775
	倒斜角	–2.425			倒斜角	–2.775	
面板造型	弧型	0	0.925	面板造型	弧型	0	0.775
	直线型	–0.925			直线型	–0.775	
底部造型	i	0	1.675	底部造型	i	0	1.3
	ii	–0.525			ii	0.075	
	iii	1.150			iii	1.300	
操作面板	中部	0	0.295	操作面板	中部	0	0.350
	单侧	0.250			单侧	–0.350	
	两侧	–.045			两侧	–0.055	
连接造型	两部分	0	0.675	连接造型	两部分	0	0.725
	三部分	0.675			三部分	0.725	
主体比例	矮胖型	0.300	1.275	主体比例	矮胖型	.850	2.325
	适中型	0			适中型	0	
	瘦高型	–0.975			瘦高型	–1.475	
意象词词对 5 复杂的—简约的				**意象词词对 6 别扭的—舒服的**			
项目	类目	类目得分	项目范围	项目	类目	类目得分	项目范围
外装饰罩造型	长方形	0	1.6	外装饰罩造型	长方形	0	1.9
	倒斜角	–1.600			倒斜角	–1.900	

（续表）

意象词词对 5 复杂的—简约的				意象词词对 6 别扭的—舒服的			
项目	类目	类目得分	项目范围	项目	类目	类目得分	项目范围
面板造型	弧型	0	0.90	面板造型	弧型	0	0.5
	直线型	0.900			直线型	–0.500	
底部造型	i	0	1.35	底部造型	i	0	1.4
	ii	–0.350			ii	0.600	
	iii	1.000			iii	1.400	
操作面板	中部	0	0.15	操作面板	中部	0	1.35
	单侧	–0.150			单侧	–1.350	
	两侧	–0.065			两侧	–0.015	
连接造型	两部分	0	0.15	连接造型	两部分	0	1
	三部分	0.150			三部分	1.000	
主体比例	矮胖型	0.200	2.45	主体比例	矮胖型	1.200	2.7
	适中型	0			适中型	0	
	瘦高型	–2.250			瘦高型	–1.500	
意象词词对 7 暗淡的—明亮的							
项目	类目	类目得分	项目范围				
外装饰罩造型	长方形	0	0.3				
	倒斜角	0.300					
面板造型	弧型	0	0.5				
	直线型	–0.500					
底部造型	i	0	1.35				
	ii	0.800					
	iii	–0.550					
操作面板	中部	0	0.09				
	单侧	0.050					
	两侧	0.090					

（续表）

意象词词对 7 暗淡的—明亮的							
项目	类目	类目得分	项目范围				
连接造型	两部分	0	0.15				
	三部分	−0.150					
主体比例	矮胖型	−0.150	0.75				
	适中型	0					
	瘦高型	−0.750					

三、设计参考模型与设计策略的建立

根据数量化理论 I 类的分析结果，可建立设计参考模型，继而提出产品造型创新的设计策略。

以“丑陋的—美观的”造型语义为例，在吸油烟机产品造型的设计特征中，“外装饰罩”项目的范围值最大，可知外装饰罩造型对“丑陋的—美观的”这对感性意象词的影响最大。当设计师希望吸油烟机产品外观造型“美观”的时候，吸油烟机的造型应当趋向于：外装饰罩规则、不倒角，面板为弧型的，底部造型（滤油网和油盒）的高度低于面板最底端，操作面板位于中间，装饰罩与面板之间的连接有过渡性形体，最后，在机身比例上趋向矮胖。

根据前面因子分析所得结果可以发现，对两大公因子贡献较大的三个意象词分别为“简约的”、“明亮的”和“美观的”。

参见表 3–15，对意象词“简约的”贡献最大的项目为“主体比例”，项目范围值为 2.45，类目为“矮胖型”，类目效用值为 0.2；对意象词“大方的”贡献最大的项目是“外装饰罩造型”，项目范围为 1.8，类目是“长方形”，类目效用值为 0；对意象词“美观的”贡献最大的项目为“外装饰罩造型”，项目范围值为 2.85，类目为“长方形”，类目效用值为 0。

整理出这三个意象词的完整类目表，如表 3–16 所示。

表 3–16　对消费者造型偏好影响最大的三个意象词的类目表

	简约的	大方的	美观的
外装饰罩造型	长方形（0）	长方形（0）	长方形（0）
面板造型	直线型（0.9）	直线型（0）	弧型（0）
底部造型	iii（1）	iii（1.4）	iii（1.7）
操作面板	中部（0）	中部（0）	中部（0）
连接造型	三部分（0.15）	三部分（0.9）	三部分（1.35）
主体比例	矮胖型（0.2）	矮胖型（0.65）	矮胖型（1.3）
“iii”指油盒最低点至面板最低点的距离小于或等于零			

根据表 3–16，可以归纳出造型创新的设计策略，即针对相应的消费者群体，要想使吸油烟机产品在造型上受到欢迎和喜爱，需要使产品造型传达出“简约的”、“美观的”、“大方的”等三个意象的用户感受。在吸油烟机产品的外装饰罩局部形体的造型上，采用“长方形”的形体设计，可以很好地使得产品造型在消费者群体心目中传达出上述的意象感受；在面板局部形体的造型上，采用“直线型”的形体设计，更有助于传达上述意象感受；在底部局部形体的造型上，采用使油盒底部在平视方向高于面板低点的设计，可以很好地传达上述意象感受；在操作面板局部形体的设计上，使操作按钮面板处在面板的靠近中间的位置，可以很好地传达上述意象感受；在上、下部分连接区间的形体设计上，使上部排烟腔与下部面板之间具有过渡性外观造型部分，可以很好地传达上述意象感受；最后，在产品形体的总体比例上，使宽度大于高度，从而形成矮胖的比例关系，可以很好地传达上述意象感受。

设计策略为后续产品造型创新时的方案设计指明了方向，依此策略设计和发展设计方案，更有可能保障设计方案投产后，产品能受到相应消费者群体的欢迎和喜爱。但需要说明的是，显然，设计策略并不是取代后续设计方案的生发和进化过程；在此策略指引的方向上设计方案时，设计师仍具有设计多样化的造型方案的灵活性。

本章注释：

① 吕旭弘 . 应用感性工学与基因遗传演算法于产品造型设计 [D]. 台南：成功大学，2004.

② 孙涛，楚贤峰，潘世兵 . 基于数量化理论 I 的水文地质点参数确定 [J]. 地球科学与环境学报，2007，29 (3)：285—288.

附录 3-1　92 款吸油烟机样品

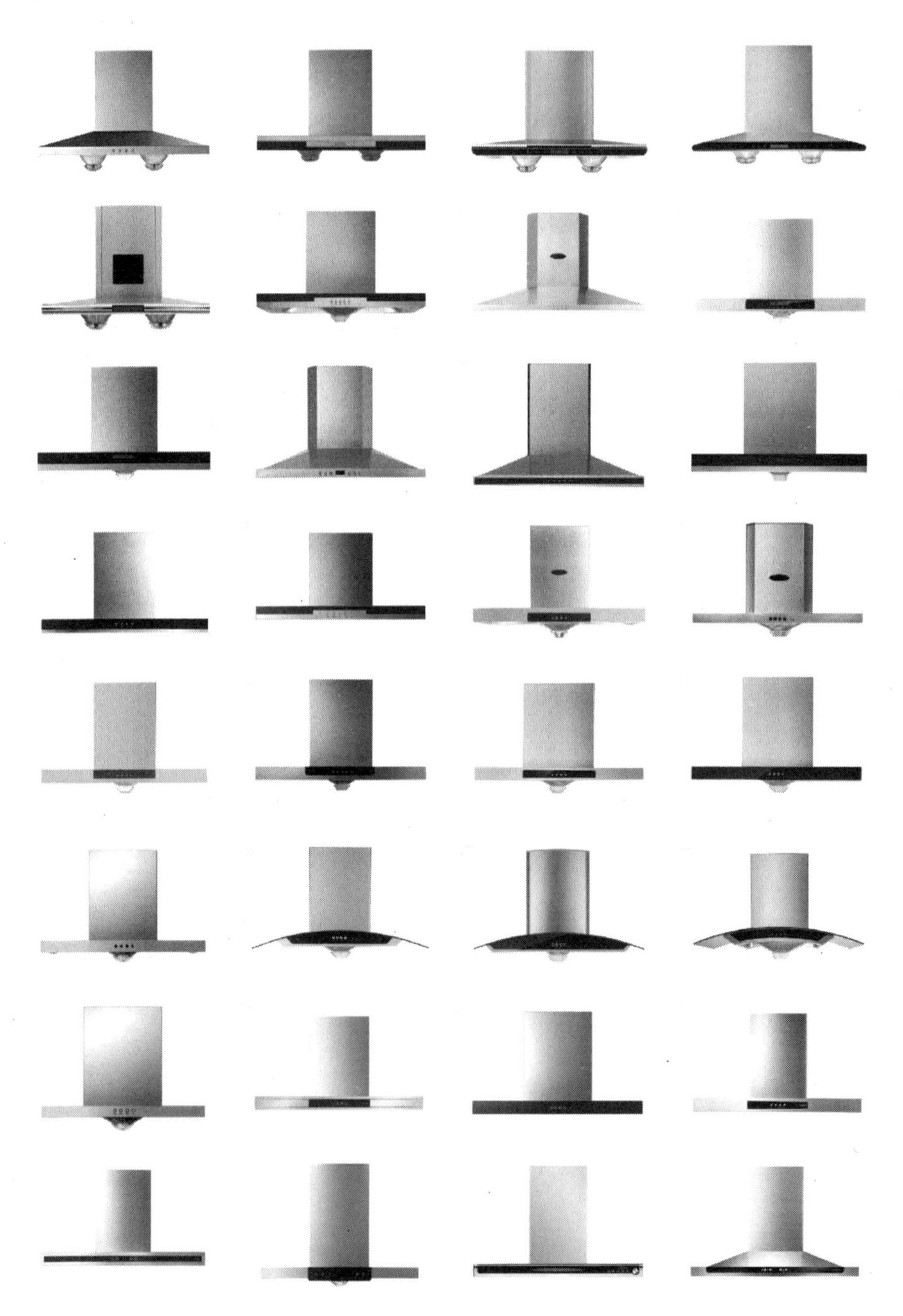

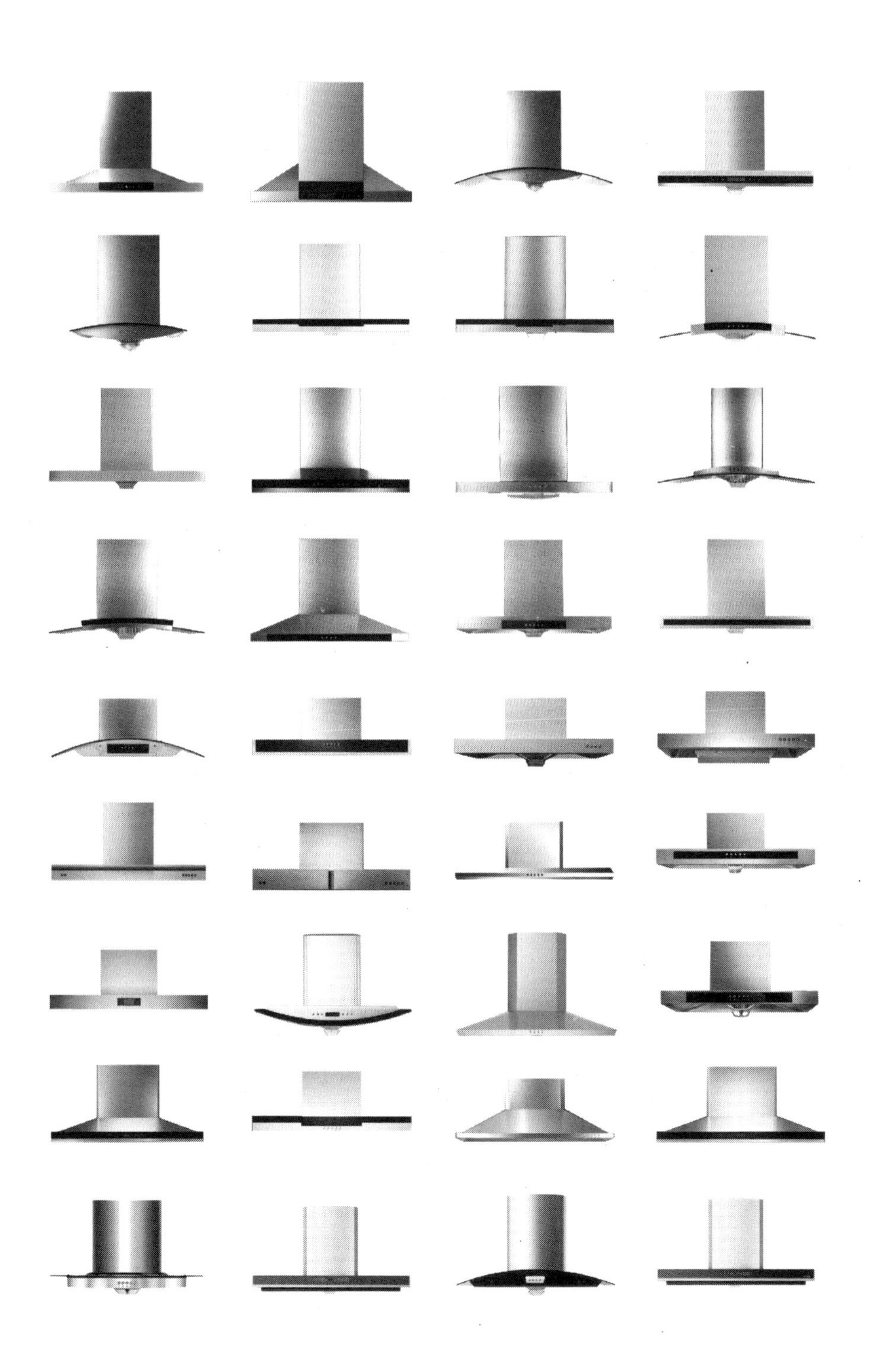

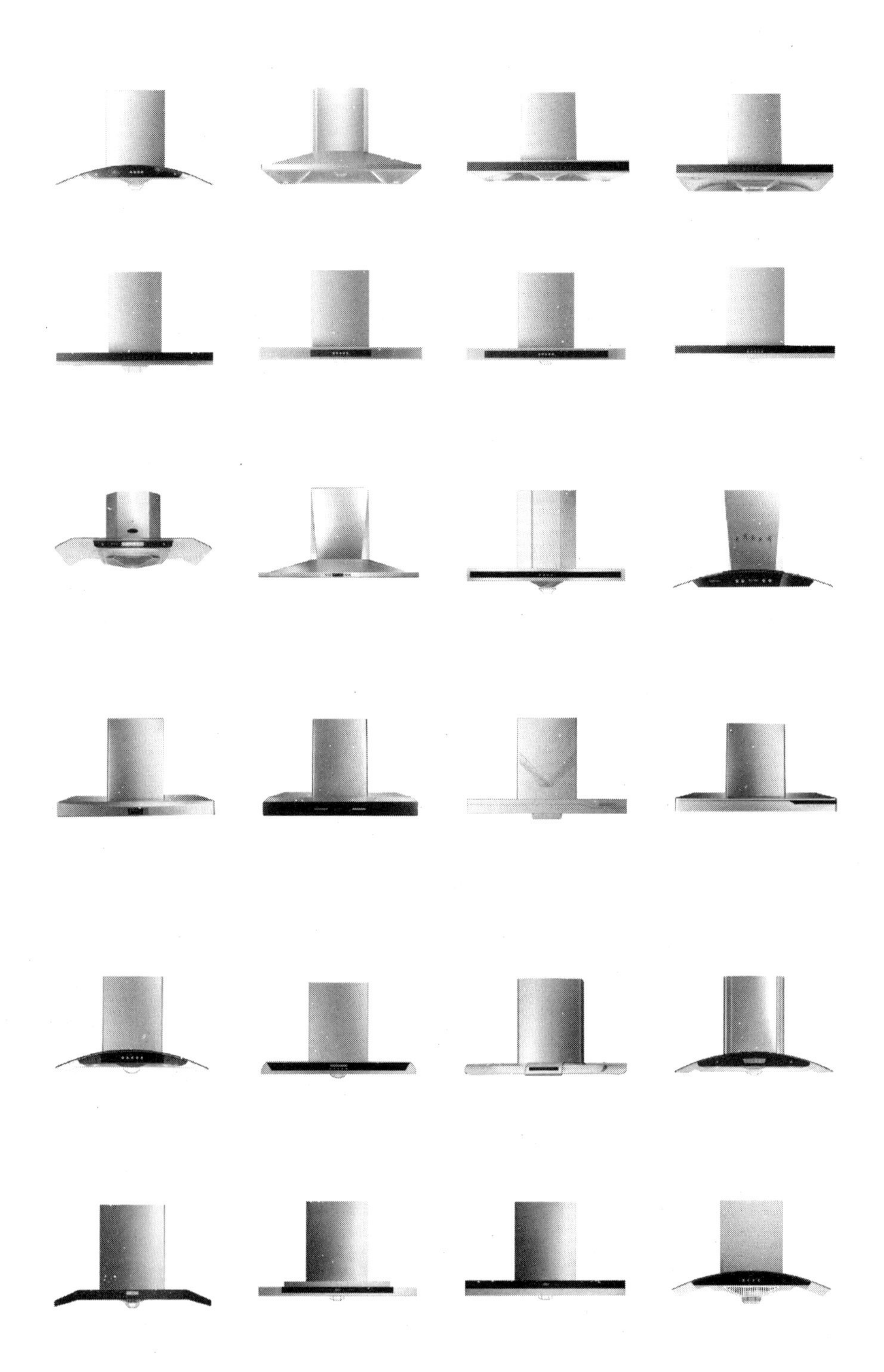

附录 3-2 多次实验过程的记录照片（部分）

第 四 章

手机产品创新与设计策略

第一节　概　述

本研究的产品对象为2011年前后在国内市场上销售的手机产品，并以大学生为目标消费者。鉴于手机品牌的繁多，挑选了当时在国内市场上销售量排名前两位的手机品牌（诺基亚和三星，如图4–1所示）的手机产品，作为研究对象。

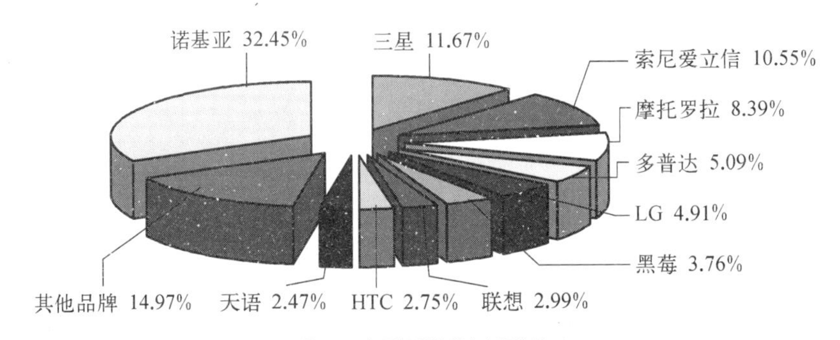

图4–1　各手机品牌所占市场份额

（数据来源：http://mobile.163.com/special/00113013/09Q3taobao.html）

本研究的总体过程可分为以下主要步骤。

步骤1：搜集意象词。大量地搜集与手机产品造型描述相关的意象词。搜集的信息来源可以是杂志、网络、广告、相关论文文献等，并做初步的主观评价，将不常用的和意义相近的删除，再将意义相反的意象词配成意象词词对。

步骤2：搜集样品图片。针对本研究的主题，搜集手机样品外观图片，包含市面上大部分的手机图片，来源可以是相关的杂志、网页、实体手机、广告样册等，图片必须能让被试清晰地辨识。

步骤3：建立意象空间。调查出被试感受和评判手机造型的代表性意象词。

步骤4：筛选样品图片。由被试筛选出造型上具有代表性的手机样品（图片）。

步骤5：进行手机产品形态分析。依据对消费者和有关设计专家的调研，挑选手机产品重要的设计特征，并从中分析出设计类目。

步骤6：产品语义评价。目的在于调查意象词与设计特征之间的关系，并将两者间的关系用数量化的方式呈现。

步骤7：设计特征与意象的关系分析。以数量化理论Ⅰ类为手段进行定量分析，解读分析结果，可得到感性意象与设计特征间的关系，借助这些量化的关系可以提出设计参考模型、形成设计策略。

第二节　代表性产品和意象词的选取

一、手机样品收集及筛选

为了使所研究的手机造型具有可比性、避免研究范围过大，本研究针对典型的直板手机，并以手机的正面造型为主要研究对象。

在网络上搜集了 49 款诺基亚品牌和 72 款三星品牌（共 121 款）直板手机的正面图片。依据图像的明视度、清晰度、产品拍摄角度的一致性以及产品造型的相似性高或重复与否等考虑因素，预先进行主观的筛选工作，并由几位具备相关设计背景的人员进行确认。

本研究所涉及的手机产品造型均以灰度、正面图片呈现。还将所有手机样品上的 Logo 去除，并统一消除手机屏幕贴图，最后获得 35 款典型样品（详见附录 4–1）。

二、意象词收集及筛选

（一）意象词的初步搜集

意象词的搜集采用了访谈法与二手资料搜集法相结合的方法。在访谈中，被试一般会以个人与对象物接触的经验为依据来填写开放式问卷。二手资料搜集方面，主要从以往学者测评产品造型的意象词语汇中，搜集适合测评手机造型的语汇。参阅与手机产品相关的新产品介绍、杂志、广告、相关新闻与报告。将搜集到的语汇加以主观判断，剔除其中不常用的或意义相近的语汇，并将意义相反的词予以配对，从而构成意象词资料库。总计选出 90 对符合手机产品的意象词词对（详见附录 4–2）。

（二）初步筛选意象词

邀请被试 20 名，均为设计专业学生，其中男、女性各 10 名。要求被试从这 90 组意象词词对中，挑选出符合个人预期或希望手机产品应具有的意象，同时以排除特定性的意象词为原则，排除不适合本研究的意象词。最后选出 45 组意象词词对。在此基础上进一步筛选，选出其中更为集中地表现被试认知情况的 28 组意象词词对，如表 4–1 所示。这 28 组意象词词对将保留到下一阶段，与代表性样品一起进行语义评价实验，以求进一步选取出代表性意象词词对。

表 4–1　经初步筛选后的 28 对意象词词对

时尚的—保守的 (01)	男性的—女性的 (02)	稚气的—成熟的 (03)	轻巧的—笨重的 (04)
大众的—个性的 (05)	现代的—传统的 (06)	流线的—几何的 (07)	美观的—丑陋的 (08)
高档的—低端的 (09)	娱乐的—商务的 (10)	非凡的—平凡的 (11)	实用的—装饰的 (12)
华丽的—朴素的 (13)	正统的—随意的 (14)	拘谨的—大方的 (15)	创新的—模仿的 (16)
科技的—落伍的 (17)	精致的—粗糙的 (18)	耐用的—易坏的 (19)	圆润的—锐利的 (20)
变化的—单调的 (21)	协调的—突兀的 (22)	理性的—感性的 (23)	醒目的—平庸的 (24)
厚重的—轻薄的 (25)	动态的—静态的 (26)	前卫的—守旧的 (27)	具象的—抽象的 (28)

三、代表性样品的选取

（一）分组实验

以抽样方式邀请受过造型训练的工业设计专业学生 12 名参与实验，其中男、女生各 6 名。在实验中，要求被试针对手机造型风格，根据个人主观感觉对 35 款手机样品进行分组。为事先了解在手机样品分类过程中可能遇到的问题，先请 3 位被试进行小型先期测试，经过测试，发现分类数目为 7 至 8 类时，被试在分类判断时会比较容易进行。因此，正式分组实验中以 7 至 8 类为标准，请被试观察过所有的样品之后，把他（她）们认为较相似的样品依照编号大小依序填入相同栏内。将这 12 笔数据作累计，列出 35×35 的相似性矩阵。将相似性矩阵输入到 SPSS，部分结果如表 4–2 所示。

表 4–2 样品 1 至样品 7（限于篇幅，仅列出部分）

	Sample 01	Sample 02	Sample 03	Sample 04	Sample 05	Sample 06	Sample 07
1	12.00	3.00	5.00	.00	.00	.00	4.00
2	3.00	12.00	9.00	.00	.00	.00	8.00
3	5.00	9.00	12.00	.00	.00	.00	8.00
4	.00	.00	.00	12.00	4.00	7.00	.00
5	.00	.00	.00	4.00	12.00	3.00	.00
6	.00	.00	.00	7.00	3.00	12.00	.00
7	4.00	8.00	8.00	.00	.00	.00	12.00
8	11.00	4.00	5.00	.00	.00	.00	5.00
9	4.00	8.00	6.00	.00	.00	.00	10.00
10	.00	.00	.00	4.00	4.00	7.00	.00
11	.00	.00	.00	2.00	9.00	1.00	.00
12	.00	.00	.00	8.00	3.00	5.00	.00
13	6.00	5.00	7.00	.00	.00	.00	5.00
14	5.00	6.00	4.00	.00	.00	.00	6.00
15	.00	3.00	2.00	.00	.00	.00	3.00
16	.00	.00	.00	.00	.00	.00	.00
17	.00	.00	.00	2.00	.00	2.00	.00
18	.00	.00	.00	4.00	2.00	3.00	.00
19	.00	.00	.00	6.00	1.00	5.00	.00

（续表）

	Sample 01	Sample 02	Sample 03	Sample 04	Sample 05	Sample 06	Sample 07
20	.00	.00	.00	5.00	1.00	4.00	.00
21	.00	.00	.00	5.00	7.00	2.00	.00
22	.00	.00	.00	5.00	2.00	8.00	.00
23	.00	.00	.00	6.00	3.00	6.00	.00
24	.00	.00	.00	3.00	7.00	4.00	.00
25	6.00	7.00	7.00	.00	.00	.00	7.00
26	.00	.00	.00	2.00	.00	3.00	.00
27	4.00	7.00	6.00	.00	.00	.00	5.00
28	.00	.00	.00	6.00	2.00	7.00	.00
29	.00	.00	.00	4.00	6.00	1.00	.00
30	.00	.00	.00	6.00	4.00	5.00	.00
31	2.00	7.00	5.00	.00	.00	.00	5.00
32	.00	.00	.00	6.00	8.00	6.00	.00
33	.00	.00	.00	6.00	2.00	3.00	.00
34	.00	.00	.00	3.00	10.00	3.00	.00
35	.00	.00	.00	.00	.00	.00	.00

（二）代表性样品的选取

以获得的调研数据为基础，以系统聚类分析法对35个手机样品做初步分析。

进行聚类分析时，得到的树状图如图4–2所示。

依据分类的状况，采用图中纵贯的虚线为分类线，以分8类为最佳。再以K–均值聚类法分类，设定分类数目为8，计算出每个样品至该类别中心的距离，距离中心最小者，可视为该类的代表性样品，如表4–3所示。

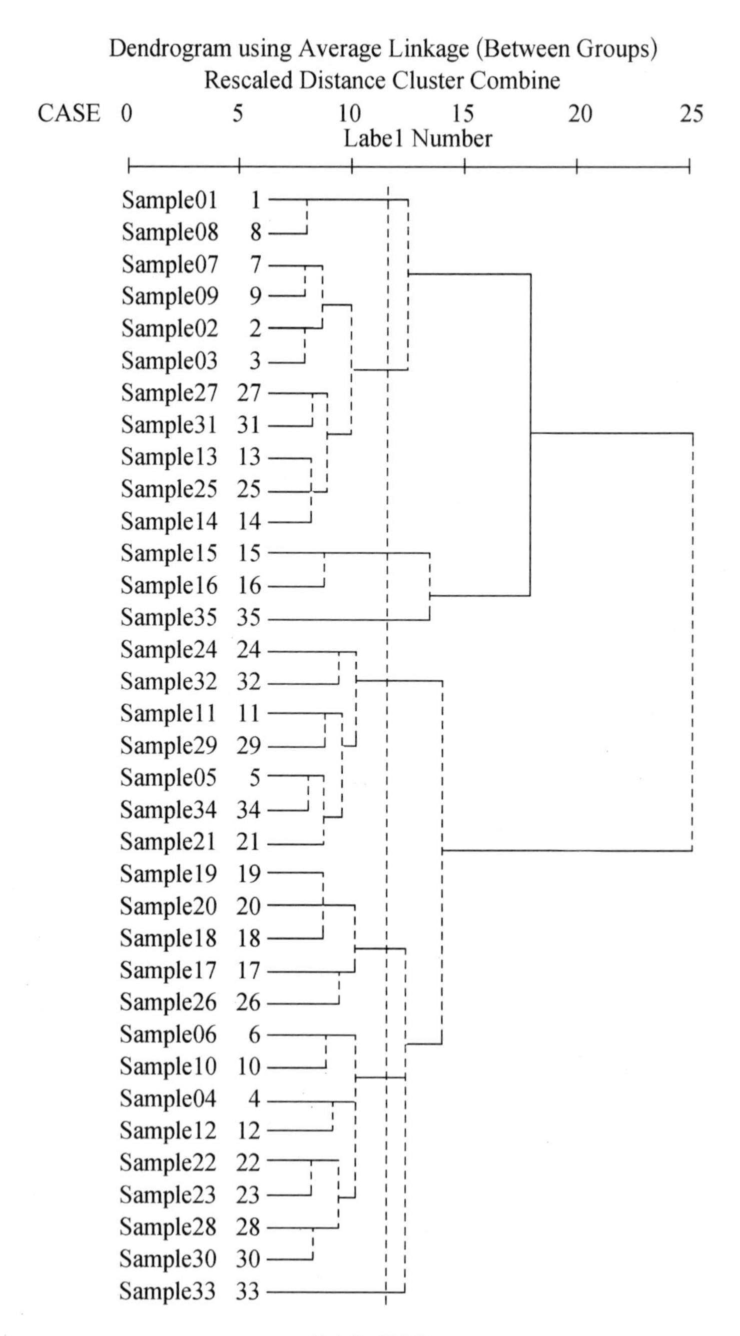
Dendrogram using Average Linkage (Between Groups)
Rescaled Distance Cluster Combine
CASE 0 5 10 15 20 25
Label Number
Sample01 1
Sample08 8
Sample07 7
Sample09 9
Sample02 2
Sample03 3
Sample27 27
Sample31 31
Sample13 13
Sample25 25
Sample14 14
Sample15 15
Sample16 16
Sample35 35
Sample24 24
Sample32 32
Sample11 11
Sample29 29
Sample05 5
Sample34 34
Sample21 21
Sample19 19
Sample20 20
Sample18 18
Sample17 17
Sample26 26
Sample06 6
Sample10 10
Sample04 4
Sample12 12
Sample22 22
Sample23 23
Sample28 28
Sample30 30
Sample33 33

图 4-2 树状图

表 4-3 K-均值聚类结果

Case Number	Cluster	Distance	Case Number	Cluster	Distance
Sample 1	1	1.414	Sample 22	6	8.295
Sample 8	1	1.414	Sample 32	6	10.762
Sample 4	2	7.902	Sample 5	7	6.540
Sample 12	2	6.307	Sample 11	7	7.535
Sample 23	2	7.623	Sample 21	7	6.791
Sample 28	2	8.131	Sample 24	7	9.440
Sample 30	2	6.815	Sample 29	7	7.986
Sample 33	2	11.333	Sample 34	7	5.364
Sample 17	3	9.895	Sample 2	8	5.857
Sample 18	3	5.452	Sample 3	8	7.022
Sample 19	3	5.807	Sample 7	8	7.006
Sample 20	3	4.574	Sample 9	8	6.349
Sample 26	3	7.491	Sample 13	8	6.918
Sample 15	4	4.583	Sample 14	8	6.252
Sample 16	4	4.583	Sample 25	8	5.107
Sample 35	5	0.000	Sample 27	8	5.645
Sample 6	6	5.684	Sample 31	8	7.504
Sample 10	6	5.728			

最终的代表性样品分别为样品 8、样品 12、样品 20、样品 16、样品 35、样品 6、样品 34、样品 25，如图 4–3 所示。

（三）代表性意象词的选取

1. 语义评价实验

本阶段邀请被试针对上述 8 款代表性样品，进行语义评价实验。调查问卷中的量尺设定为 7 阶，即–3 到 3 的评分。邀请了 30 位被试（其中具备设计教育背景者 20 人、不具备设计教育背景者 10 人）开展问卷调查，整理结果得到各意象词评价的平均值，如表 4–4 所示。

图 4-3　最终确定的 8 个代表性样品

表 4-4　代表性样品在各意象词词对的评分均值

	时尚的—保守的	男性的—女性的	稚气的—成熟的	轻巧的—笨重的
样品 1	1.4	-1	0.4	-0.2
样品 2	-1.5	-0.6	0.9	0.1
样品 3	-0.3	-0.2	0	-0.4
样品 4	-1.5	-1	1.6	-0.1
样品 5	0.4	-1.4	0	0.5
样品 6	-1.3	-0.9	1.1	-0.6
样品 7	-0.4	-1.9	1.1	1.5
样品 8	2.4	-1	-1.6	-0.6
	大众的—个性的	现代的—传统的	流线的—几何的	美观的—丑陋的
样品 1	-2.4	-0.1	1.3	0.2
样品 2	0	-1.1	-0.1	-0.6

（续表）

	大众的—个性的	现代的—传统的	流线的—几何的	美观的—丑陋的
样品 3	−0.8	−0.6	−1.1	0.2
样品 4	−0.8	−1.9	−0.8	−0.6
样品 5	−0.2	0.2	2	0.1
样品 6	0.1	−1.1	0.1	−0.3
样品 7	−0.2	−0.7	1.2	−0.4
样品 8	−1.8	1.8	−0.8	1.6
	高档的—低端的	娱乐的—商务的	非凡的—平凡的	实用的—装饰的
样品 1	0.8	1.3	1.7	−1.7
样品 2	0.8	−0.3	−1.5	−0.7
样品 3	0	−0.6	0.1	−0.3
样品 4	−1.8	0.4	−1	−1.3
样品 5	0.5	0.3	0.1	−1.3
样品 6	−0.7	0	−0.7	−0.6
样品 7	−0.5	0.7	−0.3	−1
样品 8	2	0.6	2.2	−1.6
	华丽的—朴素的	正统的—随意的	拘谨的—大方的	创新的—模仿的
样品 1	1.7	−0.8	−0.3	0.7
样品 2	−0.5	−1.4	−0.1	−0.5
样品 3	0.4	−0.3	0.2	−0.3
样品 4	−0.1	−1.2	1.3	−1.1
样品 5	1.1	−1.4	−0.4	−0.4
样品 6	0	−0.1	0	−0.8
样品 7	0.7	−1.1	−1	0
样品 8	1.8	−1.2	−1.8	1.6
	科技的—落伍的	精致的—粗糙的	耐用的—易坏的	圆润的—锐利的
样品 1	0.1	−0.5	−1.7	−0.3

（续表）

	科技的—落伍的	精致的—粗糙的	耐用的—易坏的	圆润的—锐利的
样品 2	−1.4	−0.1	−0.5	−1.4
样品 3	0.1	−0.4	0	−1
样品 4	−1.4	−1.4	−1.4	−1.5
样品 5	0.4	0.1	−1	1.7
样品 6	−1.2	−1.1	0	0
样品 7	−0.9	0.3	0.3	0.2
样品 8	2.4	0.8	−1.2	−0.8
	变化的—单调的	协调的—突兀的	理性的—感性的	醒目的—平庸的
样品 1	1.1	−0.8	−0.9	0.5
样品 2	−0.1	−0.5	−0.7	0.2
样品 3	−0.2	−0.7	0.2	0.1
样品 4	−0.5	−1.9	−2	−0.7
样品 5	0.9	1.1	−1.8	0.2
样品 6	0.3	−1.2	−0.9	−0.5
样品 7	0	0.3	−1.2	0.1
样品 8	2	0	−0.8	1.2
	厚重的—轻薄的	动态的—静态的	前卫的—守旧的	具象的—抽象的
样品 1	0.3	1.2	0.5	0.3
样品 2	−0.2	0.2	−0.4	−0.5
样品 3	−0.1	−0.3	−0.1	0.1
样品 4	−1.1	−0.4	−1.7	−0.3
样品 5	0.4	0.9	0.5	0.5
样品 6	0.6	−0.2	−0.6	−0.3
样品 7	−1.4	0.8	0.4	0
样品 8	−1.6	0.6	2.4	0.6

2. 代表性意象词的选取

本研究以因子分析法进行代表性意象词词对的选取，借助表 4-4 中的平均分值，以最大方差旋转进行因子分析，共计可得到 5 个公因子，如图 4-4 所示。

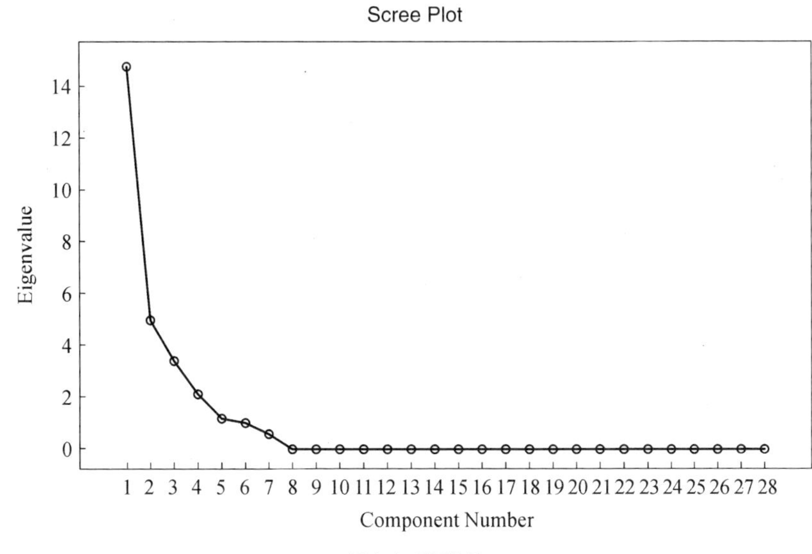

图 4-4　碎石坡图

变量共同度如表 4-5 所示。变量共同度表示各变量中所含原始信息能被提取的公因子所表示的程度。由表中所示变量共同度可知：所有变量共同度都远在 80% 以上，因此提取出的这几个公因子对各变量的解释能力是很强的①。

在因子载荷矩阵中变量与某一因子的联系系数绝对值越大，则该因子与变量关系越近（见表 4-6）。因子矩阵也可作为因子贡献大小的量度，其绝对值越大，贡献也就越大。

表 4-5　变量共同度表

Communalities

	Initial	Extraction
S01	1.000	.993
S02	1.000	.938

（续表）

	Initial	Extraction
S03	1.000	.972
S04	1.000	.925
S05	1.000	.920
S06	1.000	.981
S07	1.000	.960
S08	1.000	.940
S09	1.000	.874
S10	1.000	.973
S11	1.000	.992
S12	1.000	.994
S13	1.000	.977
S14	1.000	.974
S15	1.000	.930
S16	1.000	.974
S17	1.000	.932
S18	1.000	.989
S19	1.000	.989
S20	1.000	.925
S21	1.000	.917
S22	1.000	.978
S23	1.000	.859
S24	1.000	.942
S25	1.000	.943
S26	1.000	.873
S27	1.000	.991
S28	1.000	.852

Extraction Method: Principal Component Analysis.

表 4-6 旋转后的因子载荷矩阵

Rotated Component Matrix(a)

	Component				
	1	2	3	4	5
S01	.876	.102	.461	−.006	.057
S02	.033	−.863	−.228	.354	.123
S03	−.968	.159	−.046	−.059	.056
S04	−.198	.806	−.199	−.415	−.157
S05	−.482	.246	−.775	.064	−.149
S06	.972	.093	.159	.006	−.051
S07	.014	.913	.167	.304	−.082
S08	.918	−.190	.238	−.029	.055
S09	.917	−.027	−.012	.100	−.152
S10	.161	.453	.836	−.208	.028
S11	.801	.013	.550	.003	.219
S12	−.324	−.238	−.836	.105	.349
S13	.754	.285	.556	.026	.129
S14	−.138	−.266	−.108	.296	.886
S15	−.851	−.349	.073	.268	−.081
S16	.886	.015	.340	−.250	.106
S17	.933	−.077	.231	.018	−.032
S18	.838	.326	−.231	−.301	−.191
S19	−.159	.193	−.819	−.206	.463
S20	.196	.831	−.030	.441	.009
S21	.852	.124	.392	.137	−.053
S22	.600	.678	−.302	.079	−.247
S23	.393	−.437	−.430	.029	.573
S24	.950	.030	.112	−.136	−.089
S25	−.192	.090	−.103	.919	.210
S26	.511	.686	.365	.024	−.091

（续表）

	Component				
	1	2	3	4	5
S27	.965	.186	.085	−.134	.033
S28	.801	.267	.346	.141	−.002

Extraction Method: Principal Component Analysis.

根据图 4–4 得到的五个因子，如表 4–7 所示，它们的累积方差贡献率可达到 94.669%，由于因子 4 和因子 5 的累积方差贡献率仅为 11.807%，也就是说，因子 1、因子 2 和因子 3 的累积方差贡献率可达 82.862%。上述结果已经符合 Ealtman and Burger 所提出的建议[②]，因此使用前三个因子。因子 1、因子 2 和因子 3 这三个因子所包含的各意象词词对，见表 4–8 所示。

表 4–7　主成分表

Total variance Explained

Componet	Initial Eigenvalues			Extraction Sums of Squared Loadings			Rotation Sums of Squared Loadings		
	Total	% of Variance	Cumulative %	Total	% of Variance	Cumulative %	Total	% of Variance	Cumulative %
1	14.830	52.963	52.963	14.830	52.963	52.963	13.123	46.869	46.869
2	5.002	17.865	70.827	5.002	17.865	70.827	4.997	17.846	64.715
3	3.370	12.035	82.862	3.370	12.035	82.862	4.649	16.605	81.320
4	2.099	7.497	90.359	2.099	7.497	90.359	1.939	6.925	88.245
5	1.207	4.310	94.669	1.207	4.310	94.669	1.799	6.424	94.669
6	.998	3.564	98.233						
7	.495	1.767	100.000						
8	1.88E-015	6.72E-015	100.000						
9	7.48E-016	2.67E-015	100.000						
10	5.62E-016	2.01E-015	100.000						
11	4.74E-016	1.69E-015	100.000						

（续表）

Componet	Initial Eigenvalues			Extraction Sums of Squared Loadings			Rotation Sums of Squared Loadings		
	Total	% of Variance	Cumulative %	Total	% of Variance	Cumulative %	Total	% of Variance	Cumulative %
12	4.23E-016	1.51E-015	100.000						
13	3.12E-016	1.11E-015	100.000						
14	2.51E-016	8.97E-016	100.000						
15	1.92E-016	6.86E-016	100.000						
16	1.45E-016	5.16E-016	100.000						
17	1.39E-016	4.97E-016	100.000						
18	3.26E-017	1.16E-016	100.000						
19	-1.6E-017	-5.75E-017	100.000						
20	-5.9E-017	-2.09E-016	100.000						
21	-1.2E-016	-4.38E-016	100.000						
22	-2.3E-016	-8.11E-016	100.000						
23	-2.8E-016	-1.01E-015	100.000						
24	-3.7E-016	-1.32E-015	100.000						
25	-4.8E-016	-1.71E-015	100.000						
26	-6.8E-016	-2.45E-015	100.000						
27	-1.8E-015	-6.26E-015	100.000						

（续表）

Componet	Initial Eigenvalues			Extraction Sums of Squared Loadings			Rotation Sums of Squared Loadings		
	Total	% of Variance	Cumulative %	Total	% of Variance	Cumulative %	Total	% of Variance	Cumulative %
28	-2.0E-015	-7.32E-015	100.000						

Extraction Method: Principal Component Analvsis.

表 4-8　意象的因子分析结果

Rotated Component Matrix(a)			Component					
因子轴	编号	意象因子	因子负荷值			特征值	方差贡献率	累积方差贡献率
Factor 1	S06	现代的—传统的	0.972	0.093	0.159	14.830	52.963	52.963
	S03	稚气的—成熟的	–0.968	0.159	–0.046			
	S27	前卫的—守旧的	0.965	0.186	0.085			
	S24	醒目的—平庸的	0.950	0.030	0.112			
	S17	科技的—落伍的	0.933	–0.07	0.231			
	S08	美观的—丑陋的	0.918	–0.19	0.238			
	S09	高档的—低端的	0.917	–0.02	–0.012			
	S16	创新的—模仿的	0.886	0.015	0.340			
	S01	时尚的—保守的	0.876	0.102	0.461			
	S11	非凡的—平凡的	0.801	0.013	0.550			
	S15	拘谨的—大方的	–0.851	–0.34	0.073			
	S13	华丽的—朴素的	0.754	0.285	0.556			
	S21	变化的—单调的	0.852	0.124	0.392			
	S28	具象的—抽象的	0.801	0.267	0.346			
	S18	精致的—粗糙的	0.838	0.326	–0.231			

（续表）

Rotated Component Matrix(a)			Component					
因子轴	编号	意象因子	因子负荷值			特征值	方差贡献率	累积方差贡献率
Factor 2	S07	流线的—几何的	0.014	0.913	0.167	5.002	17.865	70.827
	S02	男性的—女性的	0.033	–0.86	–0.228			
	S20	圆润的—锐利的	0.196	0.831	–0.030			
	S04	轻巧的—笨重的	–0.198	0.806	–0.199			
	S26	动态的—静态的	0.511	0.686	0.365			
	S22	协调的—突兀的	0.600	0.678	–0.302			
Factor 3	S10	娱乐的—商务的	0.161	0.453	0.836	3.370	12.035	82.862
	S12	实用的—装饰的	–0.324	–0.23	–0.836			
	S19	耐用的—易坏的	–0.159	0.193	–0.819			
	S05	大众的—个性的	–0.482	0.246	–0.775			

接下来，给每个贡献度较大的因子加以定义：因子 1 可命名为审美因子、因子 2 可命名为形态因子、因子 3 可命名为功能因子。根据表 4–8 的因子贡献度比例 53%：18%：12% ≈ 9:3:2，在保证不改变各因子方差贡献率的前提下，分别从各因子中选出具有代表性的意象词，其中审美因子方面的 9 对，形态因子方面的 3 对，功能因子方面的 2 对，共计 14 对，如表 4–9 所示。

表 4–9　最终确定的 14 对意象词词对

审美因子	形态因子	功能因子
现代的—传统的 稚气的—成熟的 前卫的—守旧的 醒目的—平庸的 科技的—落伍的 美观的—丑陋的 高档的—低端的 创新的—模仿的 时尚的—保守的	流线的—几何的 男性的—女性的 圆润的—锐利的	娱乐的—商务的 实用的—装饰的

第三节　手机形态分析

本阶段以前面实验挑选的 35 款代表性手机样品为基础，结合问卷调查及形态分析法，建立手机产品的形态分析图表。在此研究中，采用“项目”与“类目”对手机产品的形态进行描述，“项目”指构成一个手机产品的主要局部设计特征，“类目”是指每个项目中的不同造型样式。

确定手机造型的项目时，是要找出手机设计中较显著的造型构成与处理手法，详细列出所有影响意象判断的设计特征要素。

形态分析的结果如图 4–5 所示。整理出 7 个重要的设计特征要素，分别为：顶端造型、机身腰线形状、底部造型、机身比例、屏幕比例、功能键位置以及表面分割方式。接下来，将这 7 个设计要素的不同类目加以分析（如表 4–10 所示）。

表 4–10　手机形态分析

外观轮廓与比例	A. 顶端造型	平顶形	小圆弧形	大圆弧形
	B. 机身腰线形状	直线形	中央微凸形	
	C. 底部造型	平底形	弧线形	圆弧形

（续表）

外观轮廓与比例	D. 机身比例	 适中形	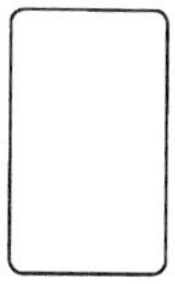 宽形	
界面细节与配置	E. 屏幕比例	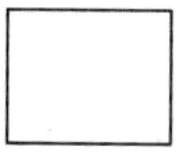 卧式	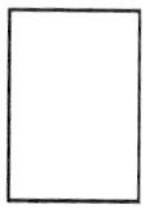 立式	
	F. 功能键位置	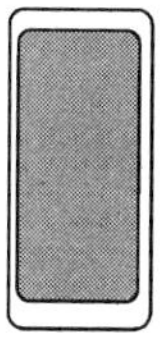 与屏幕一起	 独立	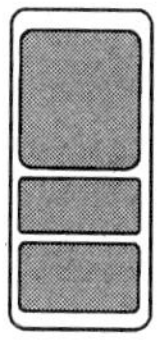 与数字键一起
	G. 表面分割方式	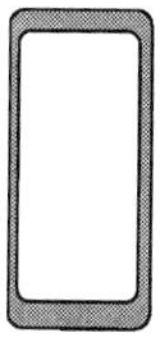 屏幕与键盘整体嵌入式	 屏幕与键盘分开嵌入式	

项目 A：顶端造型。指手机产品顶端的形状。整理出“平顶形”、“小圆弧形”、“大圆弧形”三个类目。

项目 B：机身腰线形状。随着近年手机造型的变化发展，“有腰身”的造型已逐渐淡出视野，因此整理出“直线形”、“中央微凸形”两个类目。

项目 C：底部造型。指手机底部的形状，包括“平底形”、“弧线形”、“圆弧形”三个类目。

项目 D：机身比例。指主机本身整体的大小比例。手机有整体变大变薄的趋势，机身也随之越来越宽，而严格的机身比例数值定义无法有效描述机身的造型特征，此处仅以“宽形”、“适中形”对其归类，整理出“宽形”、“适中形”两个类目。

项目E：屏幕比例。指信息显示部分，屏幕比例仅以“卧式”、“立式”、“正方形”来分类，便能将所有屏幕比例形式包含，而近年来的手机屏幕，几乎没有“正方形”，因此整理出“卧式”、“立式”两个类目。

项目F：功能键位置。指功能键在机身的位置，通常是指拨/挂号键、目录功能搜索键和其他功能键，不包含数字键。随着触摸屏的大量运用，很多直板手机数字键已完全消失，而功能键还是会保留在部分触摸屏手机上，但形式与以往的传统形式如“花瓣形”、“三键形”、“多键形”有很大的不同，故不单独分列功能键造型和数字键造型，而是以“功能键位置”来划分。因而整理出“与屏幕一起”、“独立”、“与数字键一起”三个类目。

项目G：表面分割方式。近年来手机屏幕越做越大，不规则的屏幕嵌入方式越来越少，因而表面分割越来越简洁。通过分析，整理出“屏幕与键盘整体嵌入式”、“屏幕与键盘分开嵌入式”两个类目。

综上所述，将手机产品形态分析中的项目和类目汇总如表4-10所示，共计7大项目、17个类目。

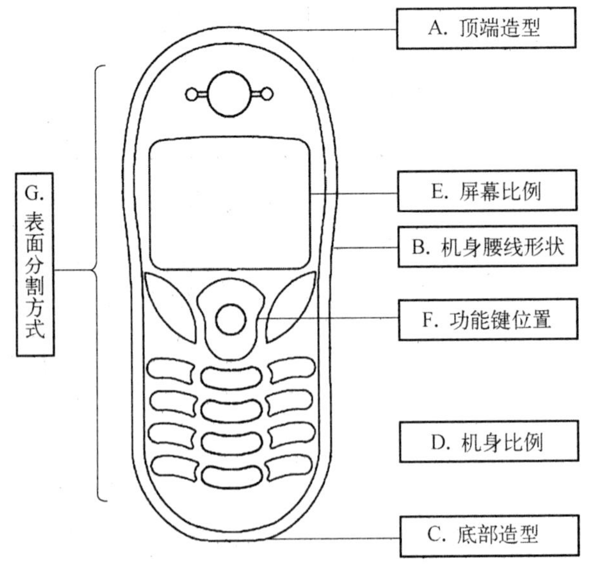

图4-5 手机形态分析

第四节　语义评价实验

一、样品数量的确定

样品数量的多少依精确度的高低而决定，一般而言，样品数量越多，所得到实验的精确度越高。决定样品数时，采用了经验分析法③。经验分析法中，产品样品数 =（类目数–项目数 +1）。

由表 4–10 所得手机造型设计特征项目与类目的结果来看，本阶段至少需要挑选 11 个手机样品，才能尽可能客观地进行最后的语义评价实验。

在最后的代表性样品的挑选过程中，按照尽量均匀分配每个项目的各类目数量、各样品之间差异尽可能大的原则，挑选出 12 款手机样品。结合先前选出的 14 对代表性意象词词对，制作成语义评价问卷。

二、最终的语义评价实验及数据结果

本阶段邀请 20 位被试，依据如图 4–6 所示的量表，针对每一个意象词

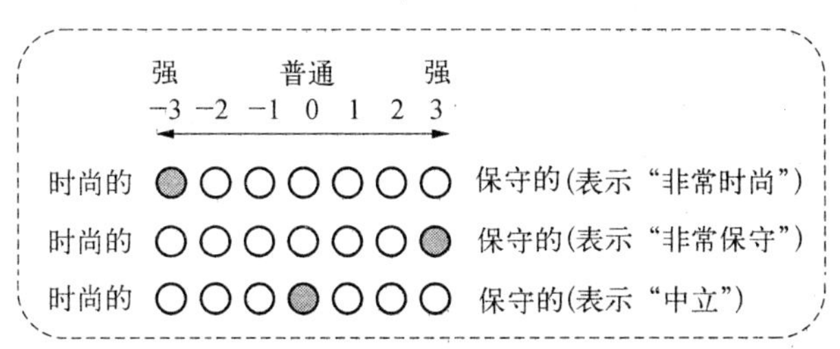

图 4-6　意象评价量表

词对（共 14 对）上的感觉，给予合适的评分分值。被试中，具有设计专业背景者 10 人，没有设计专业背景者 10 人。所以被试评分的均值，见表 4–11 所示。

表 4-11　12 款手机样品意象评价分值

样品序号	现代的—传统的	稚气的—成熟的	前卫的—守旧的	醒目的—平庸的	科技的—落伍的	美观的—丑陋的	高档的—低端的	创新的—模仿的	时尚的—保守的	流线的—几何的	男性的—女性的	圆润的—锐利的	娱乐的—商务的	实用的—装饰的
01	0.5	0.4	0.8	1.2	1.4	0.6	1.2	0.9	1.6	–0.2	–0.8	–0.3	1.2	–1.8
02	–0.5	0.5	–0.1	0.2	0.2	0.3	0	–0.2	–0.1	2	–2.1	1.9	1.8	–0.3
03	–2.5	0.1	–2	–1.9	–0.9	–0.4	–0.8	0	–0.6	1.1	–0.1	–0.4	–0.2	0.2
04	–1.2	0.9	–0.6	0.2	–1.5	–0.6	–0.8	–0.5	–1.6	–0.2	–0.6	–1.4	–0.3	–0.7
05	–0.1	0.1	0.3	0.2	0.4	–0.2	0.5	0.4	0.2	–0.6	–1.2	0.1	0	–1.8
06	–0.1	–1.8	0.4	0.1	0.2	0.1	0.1	0.2	–0.2	–0.6	1.4	–2.4	–2.1	1.6
07	–0.2	1.2	–0.8	–0.6	–0.5	–0.5	–0.4	–0.4	–0.6	0.4	–1	0.9	1.2	–1
08	–0.1	–0.2	0.1	0.1	0.2	0.1	0.2	0.3	0.2	0.1	–0.6	0.1	0	–0.1
09	–0.4	1.2	–1.2	–1.1	–1	–0.9	–0.8	–0.8	–0.9	1.2	–1.8	1.6	1.9	0.1
10	2.5	0.3	2.5	2.4	2.7	1.6	2.8	2.7	2.8	–0.4	0	0.6	0.2	–2.6
11	–2.5	–0.1	–0.6	–0.3	–0.8	–0.2	–0.1	–0.2	–0.2	–0.3	–0.1	–0.8	–0.2	0.2
12	0.2	–0.1	0.5	0.2	0.4	0.1	0.8	–0.4	0.3	2	–1.4	1.9	0.3	–1.2

三、实验样品的形态构成

从手机造型形态分析图表中，可以清楚地了解每个项目及所有类目的定义描述，分别给予七大造型设计特征项目 A—G 的编号，而类目则以 1、

2、3 表示。在观察所选取的 12 只手机样品后，整理归纳出样品造型形态分析编码表，如表 4–12 所示。

表 4–12 12 款手机造型形态分析表

	A 顶端造型	B 机身腰线形状	C 底部造型	D 机身比例	E 屏幕比例	F 功能键位 置	G 表面分割方式
01	A1	B2	C3	D1	E1	F3	G2
02	A2	B1	C2	D1	E2	F2	G2
03	A1	B1	C1	D2	E2	F2	G2
04	A2	B1	C2	D1	E2	F2	G2
05	A1	B2	C1	D1	E2	F3	G2
06	A3	B1	C3	D2	E2	F2	G2
07	A2	B1	C2	D1	E2	F2	G2
08	A3	B1	C3	D1	E2	F2	G2
09	A1	B1	C1	D1	E2	F1	G1
10	A2	B1	C2	D1	E1	F3	G2
11	A2	B1	C2	D1	E2	F2	G2
12	A2	B1	C2	D1	E2	F3	G2

第五节　设计参考模型与设计策略

一、虚拟变量的建立

利用数量化理论 I 类，将各项目转化为虚拟变量（见表 4-13），以手机样品在各意象词上的得分为自变量，经过多元回归分析就可以得到手机造型特征与被试意象评价之间的关系。

表 4-13　以数量化理论 I 类将样品的形态要素转化为虚拟变量值

	A1	A2	B	C1	C2	D	E	F1	F2	G
样品 1	1	0	0	0	0	1	1	0	0	0
样品 2	0	1	1	0	1	1	0	0	1	0
样品 3	1	0	1	1	0	0	0	0	1	0
样品 4	0	1	1	0	1	1	0	0	1	0
样品 5	1	0	0	1	0	1	0	0	0	0
样品 6	0	0	1	0	0	0	0	0	1	0
样品 7	0	1	1	0	1	1	0	0	1	0
样品 8	0	0	1	0	0	1	0	0	1	0
样品 9	1	0	1	1	0	1	0	1	0	1
样品 10	0	1	1	0	1	1	1	0	0	0
样品 11	0	1	1	0	1	1	0	0	1	0
样品 12	0	1	1	0	1	1	0	0	0	0

二、意象词与造型特征间的量化关系

从数量化理论 I 类分析的结果中可以找出每个意象词所对应的类目得分表，其中项目范围值越大，表示该项目对于意象判断影响越大；而类目得分大小则表示各造型要素与各意象词的相关程度。类目得分既有正值又有负值，正值代表正向的意象，而负值代表对应的负向意象。比如在“时尚的—保守的”这对意象词中，正类目得分代表偏向“保守的”，正数值越大表示越偏向“保守的”；负的类目得分代表偏向“时尚的”，负数值越大表示越偏向“时尚的”。

根据 12 个样品在 14 对意象词的得分数据以及 12 个样品的造型要素分类数据，通过数量化理论 I 类进行多元回归分析后，就可以得到各意象词对应的造型要素函数式，根据项目范围值，可以观察出各意象与造型设计特征要素之间的影响关系。

下面以“时尚的—保守的”这对意象词为例对统计结果进行分析。

数量化理论 I 类分析结果中的决定系数（R Square），是表征统计结果的可信度的重要指标，一般而言，R Square 值大于 0.7 时，数量化 I 类理论分析结果的可信度可以被采纳。

回归方程汇总表（表 4–14）给出了拟合情况，决定系数等于 0.904，表明了自变量对于因变量的解释度很高，回归方程拟合良好。将数量化理论 I 类的类目效用值以及项目范围值情况整理如表 4–15 所示。

表 4–14 “时尚的—保守的”回归方程汇总表

Model Summary[b]

Model	R	R Square	Adjusted R Square	Std. Error of the Estimate	Change Statistics					Durbin-Watson
					R Square Change	F Change	df1	df2	Sig. F Change	
1	.951[a]	.904	.649	.684 96	.904	3.537	8	3	.163	2.000

a. Predictors: (Constant)，屏幕与键盘整体嵌入，卧式适中形，直线形，平底形，独立，弧线形，平顶形
b. Dependent Variable：时尚的—保守的

表 4-15 “时尚的—保守的”类目得分与项目范围值

项目	A. 顶端形状			B. 机身腰线形状		C. 底部造型			D. 机身比例		E. 屏幕比例		F. 功能键位置			G. 表面分割方式	
类目	A1 平顶形	A2 小圆弧	A3 大圆弧	B1 直线形	B2 中央微凸形	C1 平底形	C2 弧线形	C3 圆弧形	D1 适中形	D2 宽形	E1 卧式	E2 立式	F1 与屏幕一起	F2 独立	F3 与数字键一起	G1 屏幕与键盘整体嵌入式	G2 屏幕与键盘分开嵌入式
类目效用值	−1.500	−0.625	1.490	−0.525	1.780	1.100	−0.825	0.215	0.400	−1.785	2.500	−0.630	−1.700	−0.925	1.730	−1.625	0.385
项目范围值	2.990			2.305		1.925			2.185		3.130		3.430			2.010	

在各项目中，以项目“功能键位置”的范围值最大。可见在手机的造型要素中，以“功能键位置”对“时尚的—保守的”意象的影响最大。当希望手机的外形突出“时尚的”意象感受时，手机的外形应趋向于：顶端造型为平顶形，机身腰线形状为直线形，底部造型为弧线形，机身比例为宽形，屏幕比例为立式，功能键位置为与屏幕一起，表面分割方式为屏幕与键盘整体嵌入式。相反，当希望手机的外形突出“保守的”意象感受时，手机的外形应趋向于：顶端造型为大圆弧，机身腰线形状为中央微凸形，底部造型为平底形，机身比例为适中形，屏幕比例为卧式，功能键位置为与数字键一起，表面分割方式为屏幕与键盘分开

嵌入式。

以上针对“时尚的—保守的”意象的设计参考模型，可直观地表达为图 4-7。

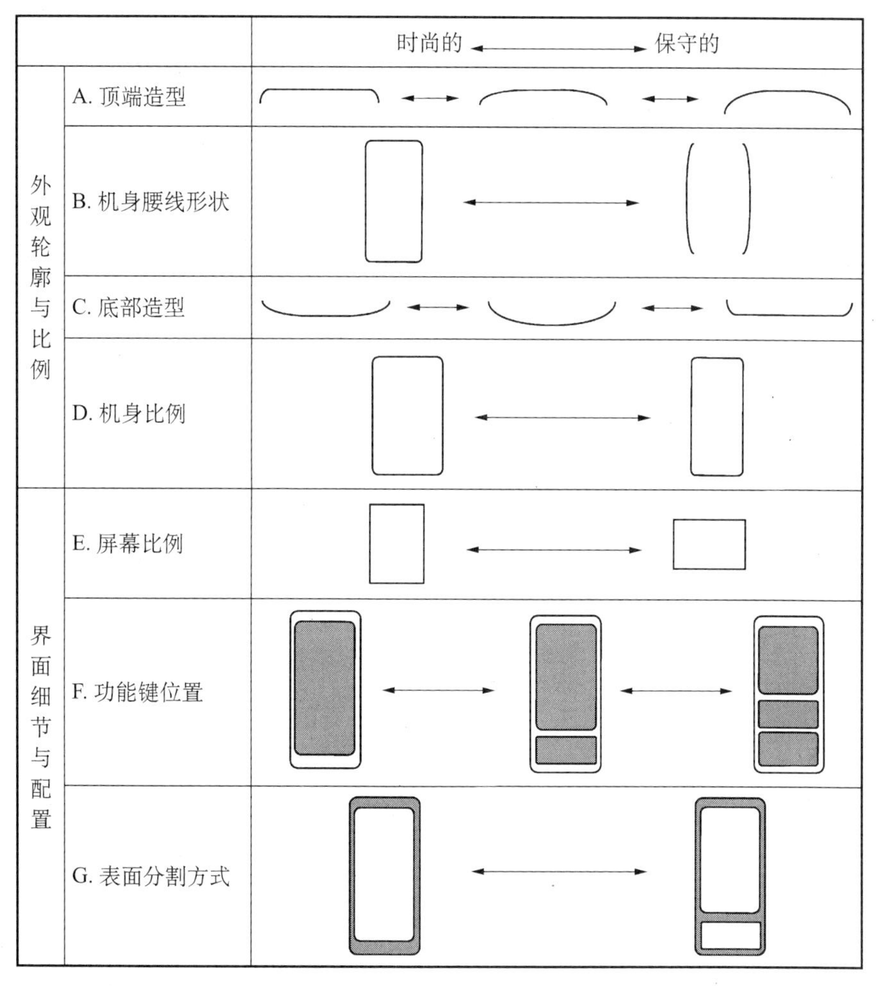

图 4-7 “时尚的—保守的”意象对应的造型设计参考模型

针对其余意象的设计参考模型，分别依据数量化理论 I 类的分析结果（例如表 4-16 所示。限于篇幅，略去其余意象的分析结果列表），逐一地加以建立。

表 4-16 “科技的—落伍的”、“创新的—模仿的”类目得分与项目范围值

意象词对 5：科技的—落伍的				意象词对 8：创新的—模仿的			
项目	类目	类目得分	项目范围	项目	类目	类目得分	项目范围
顶端造型	平顶形	−2.400	2.685	顶端造型	平顶形	−2.200	2.450
	小圆弧	0.285			小圆弧	0.125	
	大圆弧	−0.310			大圆弧	0.250	
机身腰线形状	直线形	−0.250	2.300	机身腰线形状	直线形	−0.375	1.400
	中央微凸形	2.050			中央微凸形	1.025	
底部造型	平底形	1.300	2.150	底部造型	平底形	2.200	2.825
	弧线形	−0.850			弧线形	−0.625	
	圆弧形	−0.230			圆弧形	0.400	
机身比例	适中形	0.190	2.690	机身比例	适中形	0.100	0.150
	宽形	−2.500			宽形	−0.050	
屏幕比例	卧式	2.300	2.660	屏幕比例	卧式	2.500	2.725
	立式	−0.360			立式	−0.225	
功能键位置	与屏幕一起	−1.130	3.130	功能键位置	与屏幕一起	−0.850	2.735
	独立	−1.050			独立	0.075	
	与数字键一起	2.000			与数字键一起	1.885	
表面分割方式	屏幕与键盘整体嵌入式	−1.150	1.250	表面分割方式	屏幕与键盘整体嵌入式	−0.825	1.850
	屏幕与键盘分开嵌入式	0.100			屏幕与键盘分开嵌入式	1.025	

三、消费者高频意象词的选取

针对挑选出来的 14 对意象词对，即 28 个意象词（分别为“现代

的”、“传统的”、“稚气的”、“成熟的”、“前卫的”、“守旧的”、“醒目的”、“平庸的”、“科技的”、“落伍的”、“美观的”、“丑陋的”、“高档的”、“低端的”、“创新的”、“模仿的”、“时尚的”、“保守的”、“流线的”、“几何的”、“男性的”、“女性的”、“圆润的”、“锐利的”、“娱乐的”、“商务的”、“实用的”、“装饰的”），进一步通过网络渠道、展开问卷调查。调查地区为上海市，调查人群为在校大学生。根据被试对手机造型所看重的意象词被挑选的频次，选取在此研究时期最能反映大学生期望的 3 个意象词，即被挑选的频数最高的 3 个意象词，结果如图 4-8 所示。

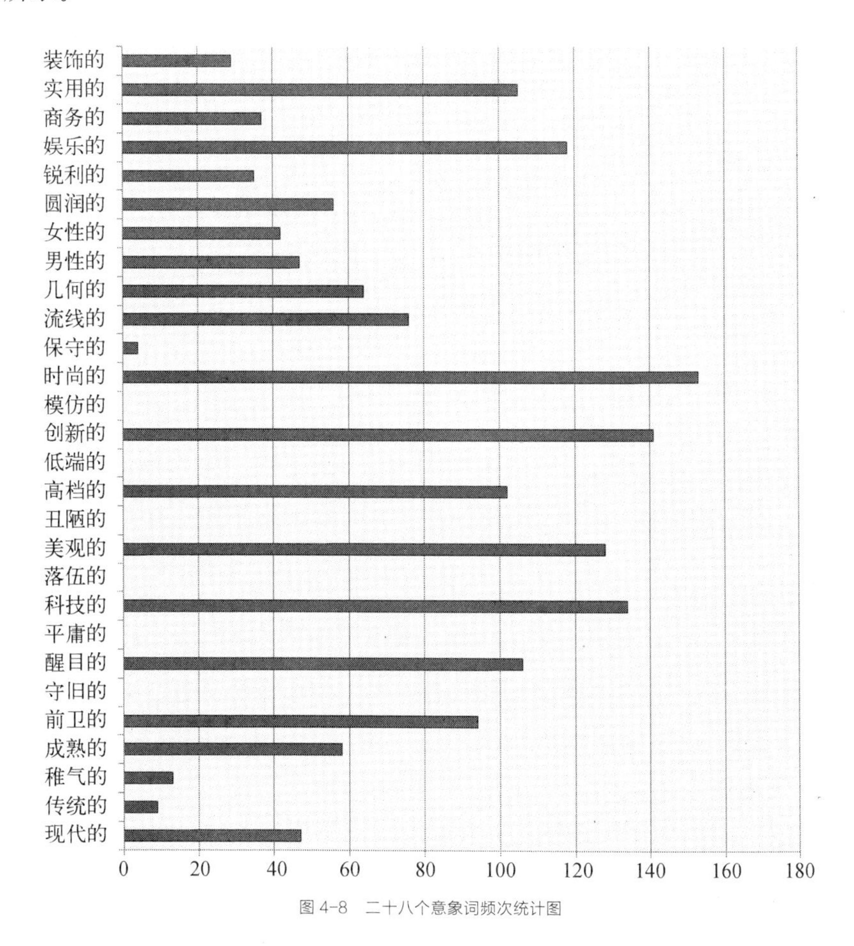

图 4-8 二十八个意象词频次统计图

具体地看，最符合此期间大学生对手机造型期望的 3 个意象词分别为："时尚的"，被挑选次数为 153；"创新的"，被挑选次数为 141；"科技的"，被挑选次数为 134。

四、设计参考模型的建立

根据表 4–15，对意象词"时尚的"影响最大的项目为"功能键位置"，项目范围值为 3.430，类目为"与屏幕一起"，类目效用值为–1.700。根据表 4–16，对意象词"创新的"影响最大的项目为"底部造型"，项目范围值为 2.825，类目为"弧线形"，类目效用值为–0.625；对意象词"科技的"影响最大的项目为"功能键位置"，项目范围值为 3.130，类目为"与屏幕一起"，类目效用值为–1.130。整理针对上述 3 个意象的分析结果，如表 4–17 所示。

表 4–17　频次最高的 3 个意象词的类目值

	时尚的	创新的	科技的
顶端造型	平顶形（–1.500）	平顶形（–2.200）	平顶形（–2.400）
机身腰线形状	直线形（–0.525）	直线形（–0.375）	直线形（–0.250）
底部造型	弧线形（–0.825）	弧线形（–0.625）	弧线形（–0.850）
机身比例	宽形（–1.785）	宽形（–0.050）	宽形（–2.500）
屏幕比例	立式（–0.630）	立式（–0.225）	立式（–0.360）
功能键位置	与屏幕一起（–1.700）	与屏幕一起（–0.850）	与屏幕一起（–1.130）
表面分割方式	屏幕与键盘整体嵌入式（–1.625）	屏幕与键盘整体嵌入式（–0.825）	屏幕与键盘整体嵌入式（–1.150）

由表 4–17，可以清晰地看到这 3 个意象词的类目选择是一致的，可根据这一设计参考模型及其指向的设计方向，设计符合大学生偏好的手机（正面）造型。

本章注释：

① 张文彤，主编 .SPSS 统计分析高级教程［M］. 北京：高等教育出版社，2004. pp221.

② 柯惠新，沈浩 . 调查研究中的统计分析法［M］. 北京：中国传媒大学出版社，2000. pp469.

③ 吕旭弘 . 应用感性工学与基因遗传演算法于产品造型设计［D］. 台南：成功大学，2004.

附录 4-1 经预处理后的 35 款手机样品

附录 4-2　手机造型意象词问卷

被试编号____

您好！

衷心感谢您在百忙之中抽时间填写该问卷。本问卷中共有 90 对意象词语汇对，请您针对这 90 对意象词语汇对，以主观感觉的方式勾选出 40 至 50 对最适合形容手机的意象词语汇对。您的宝贵意见对本研究有很大帮助。本问卷采用不记名方式，仅供学术研究之用，绝不对外公开，真诚感谢您的参与！

例 [1] 时尚的—保守的（∨）

[1] 时尚的—保守的（　）
[2] 男性的—女性的（　）
[3] 奢华的—简陋的（　）
[4] 稚气的—成熟的（　）
[5] 轻巧的—笨重的（　）
[6] 大众的—个性的（　）
[7] 现代的—传统的（　）
[8] 脆弱的—坚固的（　）
[9] 乐观的—悲观的（　）
[10] 高雅的—低俗的（　）
[11] 流线的—几何的（　）
[12] 昂贵的—廉价的（　）
[13] 美观的—丑陋的（　）
[14] 高档的—低端的（　）
[15] 粗犷的—细腻的（　）
[16] 娱乐的—商务的（　）
[17] 规矩的—叛逆的（　）
[18] 简洁的—复杂的（　）
[19] 夸张的—内敛的（　）
[20] 非凡的—平凡的（　）
[21] 活泼的—呆板的（　）
[22] 国际的—本土的（　）
[23] 实用的—装饰的（　）
[24] 内敛的—野性的（　）
[25] 华丽的—朴素的（　）
[26] 亲切的—冷漠的（　）
[27] 紧密的—松散的（　）
[28] 专业的—业余的（　）
[29] 正统的—随意的（　）
[30] 有趣的—乏味的（　）
[31] 拘谨的—豪放的（　）
[32] 强硬的—柔和的（　）
[33] 易用的—难用的（　）
[34] 创新的—模仿的（　）
[35] 科技的—落伍的（　）
[36] 精致的—粗糙的（　）
[37] 年轻的—老成的（　）
[38] 耐用的—易坏的（　）
[39] 圆润的—锐利的（　）
[40] 阳刚的—阴柔的（　）
[41] 威严的—和蔼的（　）
[42] 花哨的—素净的（　）
[43] 变化的—单调的（　）
[44] 协调的—突兀的（　）
[45] 理性的—感性的（　）
[46] 柔和的—阳刚的（　）

[47] 束缚的—自由的（ ）
[48] 冷漠的—亲切的（ ）
[49] 脏乱的—干净的（ ）
[50] 复古的—未来的（ ）
[51] 另类的—主流的（ ）
[52] 零散的—整体的（ ）
[53] 寒冷的—温暖的（ ）
[54] 阴暗的—明亮的（ ）
[55] 粗糙的—光滑的（ ）
[56] 单调的—多变的（ ）
[57] 杂乱的—整齐的（ ）
[58] 尖锐的—迟钝的（ ）
[59] 统一的—离散的（ ）
[60] 科幻的—现实的（ ）
[61] 直线的—曲线的（ ）
[62] 具体的—抽象的（ ）
[63] 醒目的—平庸的（ ）
[64] 耀眼的—平淡的（ ）
[65] 稳重的—轻浮的（ ）
[66] 实在的—夸张的（ ）
[67] 兴奋的—平静的（ ）
[68] 正式的—休闲的（ ）
[69] 华丽的—朴素的（ ）
[70] 老成的—年轻的（ ）
[71] 厚重的—轻薄的（ ）
[72] 舒适的—不适的（ ）
[73] 未来的—复古的（ ）
[74] 野性的—文明的（ ）
[75] 真实的—虚拟的（ ）
[76] 狭窄的—宽敞的（ ）
[77] 浪漫的—实际的（ ）
[78] 悦人的—扰人的（ ）
[79] 气派的—寒酸的（ ）
[80] 新颖的—陈旧的（ ）
[81] 瘦长的—肥短的（ ）
[82] 丰富的—贫乏的（ ）
[83] 动态的—静态的（ ）
[84] 讲究的—马虎的（ ）
[85] 前卫的—守旧的（ ）
[86] 清爽的—浑浊的（ ）
[87] 具象的—抽象的（ ）
[88] 温馨的—冷漠的（ ）
[89] 纤细的—厚实的（ ）
[90] 友善的—疏离的（ ）

第五章

重型卡车车身创新与设计策略

第一节　代表性车身的选取

一、车身样品收集与整理

本研究结合前侧视角度的重型卡车车身（即驾驶室）形体，探讨消费者对重型卡车车身造型的审美特点和偏好属性，有助于企业分析消费者需求、形成车身造型创新与开发的设计策略。

本研究中，共收集了市场上 82 款重型卡车产品车身（图片），几乎覆盖所有国内重型卡车品牌，也包括几个知名的国外品牌。这 82 款重型卡车产品的品牌和型号，如表 5-1 所示。

表 5-1　研究所涉及的重型卡车品牌和型号对照表

品牌	型号	品牌	型号
一汽解放	J6P 重卡	东风柳汽	霸龙重卡
	奥威重卡	中国重汽	HOKA 重卡
	悍威重卡		HOKA H7 重卡
上汽依维柯红岩	新大康重卡		HOWO 336 重卡
	杰狮重卡		HOWO 340 重卡
	特霸重卡		HOWO A7 重卡
	金刚重卡		HOWO T5G 重卡
东风商用车	大力神重卡		斯太尔王重卡
	天龙重卡		新黄河重卡
东风日产柴	优迪狮重卡		汕德卡重卡

（续表）

品牌	型号	品牌	型号
中国重汽	豪瀚重卡	徐工汽车	瑞龙重卡
	豪运重卡		祺龙重卡
	金王子 266 重卡	斯堪尼亚（Scania）	G 系列重卡
	金王子 340 重卡		P 系列重卡
	黄河少帅重卡		R 系列重卡
	黄河少帅（改型）重卡	曼（MAN）	TGA 系列重卡
五十铃（Isuzu）	E 系列重卡		TGM 系列重卡
依维柯（Iveco）	Eostralis 系列重卡		TGS 系列重卡
	Trakker 系列重卡		TGX 系列重卡
力帆时骏	格奥雷重卡	江淮	新格尔发重卡
力帆骏马	欧式战龙重卡		格尔发重卡
北奔重汽	V3 重卡		格尔发（改型）重卡
	北奔重卡	沃尔沃（Volvo）	FE 重卡
华菱	华菱之星重卡		FH 重卡
	华菱重卡		FM 重卡
	星凯马重卡		FMX 重卡
大运汽车	大运 N6 重卡	福田汽车	欧曼 CTX 重卡
	大运 N8 重卡		欧曼 ETX 重卡
	大运重卡		欧曼 GTL 重卡
奔驰（Benz）	Actros 重卡		欧曼 VT 重卡
	Actros 黑金刚重卡	精功汽车	远征重卡
	Axor 重卡		远征（改型）重卡
	新 Actros 重卡	联合卡车	联合卡车重卡
广汽日野	700 系列重卡	达夫（DAF）	CF 系列重卡
庆铃汽车	FVR 重卡		XF 系列重卡
	GVR 重卡	长安重汽	长安重汽重卡

（续表）

品牌	型号	品牌	型号
陕汽重卡	奥龙重卡	雷诺（Renault）	Kerax 系列重卡
	德御重卡		Magnum 系列重卡
	德龙 F2000 重卡		Premium 系列重卡
	德龙 F3000 重卡	青岛解放	新大威重卡
	德龙 M3000 重卡		新悍威重卡

收集的重型卡车驾驶室产品照片中，颜色以红色为主，因为红色是市场上大部分重型卡车都有的颜色。收集同样颜色的驾驶室图片，也是为后续预处理图片提供便利。

为了将被试受其他因素（如颜色、背景等）的影响降到最小，将收集到的图片做了如下的预处理：① 去除车辆主体以外的背景，将车辆主体均放置在白色背景之上；② 调整图片的大小，使得车辆主体占图面大部分面积；③ 调整车辆驾驶室的方向，使所有图片中驾驶室均朝向一个方向（右侧）；④ 当部分图片的焦距过于小时（原照片由广角镜头拍摄），产品会出现较大程度的变形，通过一定的图片处理过程来进行校正；⑤ 去除图片颜色，使其成为黑白图片，并调整驾驶室颜色的灰度，使 82 张图片的驾驶室的明暗程度尽量呈现出较为统一的灰度；⑥ 去除品牌、商标、张贴、广告语和标语等影响图片完整、简洁，以及可能使被试产生先入之见的因素，或者当车身形体被其他物品遮挡时，采用一定的图片处理过程以补全被遮挡的部分；⑦ 将产品图片的文件名称按数字序号依次命名，并记下数字和产品名称的对应关系，方便统计时比对产品；⑧ 如果通过互联网进行用户调研，可将产品图片的尺寸缩小，并缩减图片格式质量，以方便互联网上对图片进行下载，但图片文件大小的缩小不能损害观看、判别的清晰度，以免影响被试对于产品的判断。

依此方法，将 82 张图片均做处理，得到用于本研究的所有图片。一张处理完成前、后的产品造型图片例子，如图 5–1 所示。

图 5-1　图片预处理完成前（左）、后（右）

二、样品分组任务

（一）分组任务程序工具的开发简介

本研究中包含有大量的消费者调查研究工作内容。按照通常的纸笔调研方法，被试需要亲自到达测试场所，这一点限制了被试的选择范围、作答时间等等多方面。当被试进行问卷调查等任务的时候，研究者只能一对一进行测试、指导调研过程并手工记录数据。调研进展较为缓慢，又十分消耗人力。调研完成之后，收集到的数据也是以纸面的形式呈现，并且有时，这些数据还需要一定的转换。整个调研工作量十分庞大。在后续数据录入与处理过程中，也容易出错。

本研究以网络为平台，开发了样品分组任务、意象词分组任务、语义评价等调研工作相对应的软件程序工具。这些软件工具，是以 Adobe 公司出品的 Flash Pro 为平台进行开发的，编写语言使用 ActionScript 3.0。这些程序工具最终安放在个人网站上，或安装在个人电脑上，供被试进行测试时使用。

使用以网络为平台的调研软件工具具有如下优点：编写出的 flash 程序可以直接投放在网页上，被试只需打开网页浏览器便可以进行测试，并且无需安装复杂和大型的应用软件来运行，只需要 flash 的播放器即可，而消费者（作为被试）一般都装有该软件；无需调研者亲自引导调研过程，软件可以自行引导被试进行测试工作；无论何时何地，只要人们可以使用网络，即可相应网站进行访问，完成测试。从而消除了地区限制以及时间限制。可以调查到不同地区的消费者，也提供给消费者更加灵活的调研时间；无需操心最后数据的转化和记录问题，获取的数据结果可以按照研究者所需要的格式输出，为最后的统计分析提供了方便。并且，由于没有调研者中途的人工参与录入，数据结果也将是准确无误的。

（二）样品分组任务程序工具

分组任务程序工具的主界面如图 5–2 所示。

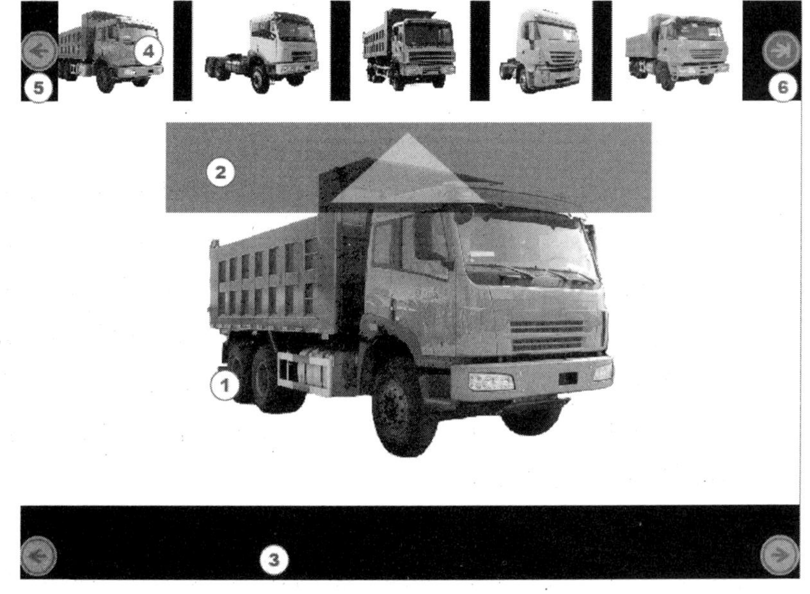

图 5–2 分组任务软件界面

1. 主界面构成与简介

① 主要界面：主要用来显示产品的图片，画面尺寸占整个软件界面的大部分面积，方便被试观察产品图片，有利于做出选择判断。

② 分组选择按钮：分向上、向下两个按钮。点击向上或者向下按钮，可以将产品分到上面一组和下面一组。

③ 分组栏：用来装载和显示已分组的图片。

④ 已分组图片：可供被试查看。点击图片可以撤销已有的选择，图片

会移动回到屏幕主画面并放大，让被试重新选择。

⑤ 滚动按钮：鼠标停留在按钮上，可以滚动分组栏，以便查看已经分好的产品图片。

⑥ 滚动到底按钮：直接跳转到分组栏的头部或者尾部，以便快进式查看。

2. 分组任务程序工具软件的功能

① 读取外部数据功能：将需要调取的数据，如图片、分组数放在了软件以外，通过软件进行外部调取。

② 无缝读取功能：可以做到被试一边分组，软件一边进行图片下载。因为图片文件有一定的容量，样品的数量往往达到几十、几百个，当网络条件不好的时候，被试要等上几分钟到十几分钟的时间，这对于被试是一个非常不好的交互体验。无缝读取功能有效解决了图片下载的速度问题。图片读取完成后，被试就可以对这个产品造型（图片）进行分组了。在被试进行分组的过程中，软件正在自行下载下一幅或几幅图片。这样，被试感觉不到下载的等待时间，也不会受到心情的干扰而影响实验的效果。

图 5–3 为 Flash Pro 下的程序工具测试环境。可以看到，当网络速度较慢时，软件会及时反馈有图片正在读取过程中。图片读取完成时的界面如图 5–4 所示。

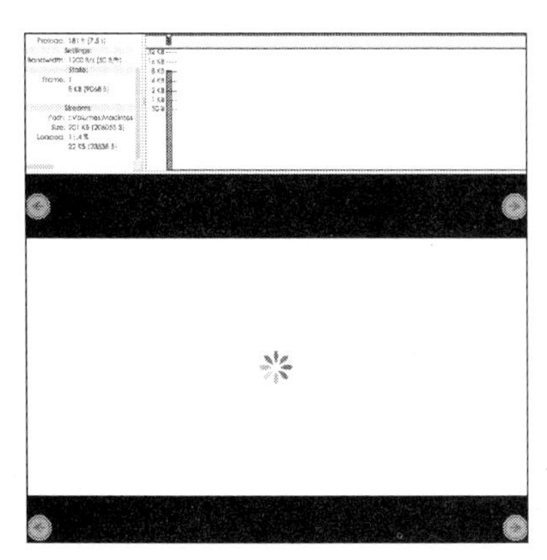

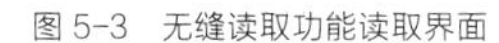

图 5–3 无缝读取功能读取界面

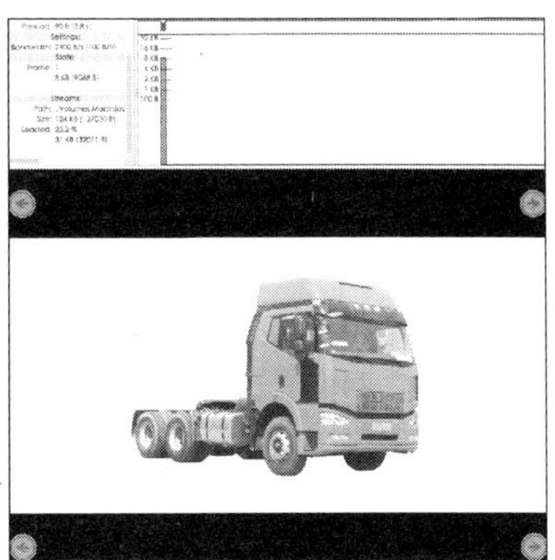

图 5–4 图片读取完成界面

③ 动画功能：动画功能是提供良好交互的手段，被试通过动画功能会很好地明确自己分组的图片去处。图 5–5、图 5–6 是动画示意图。通过动

画设定，可以向被试清晰地指明图片的去向。在撤销命令中，也有类似的动画设定，告诉被试操作指向何处。

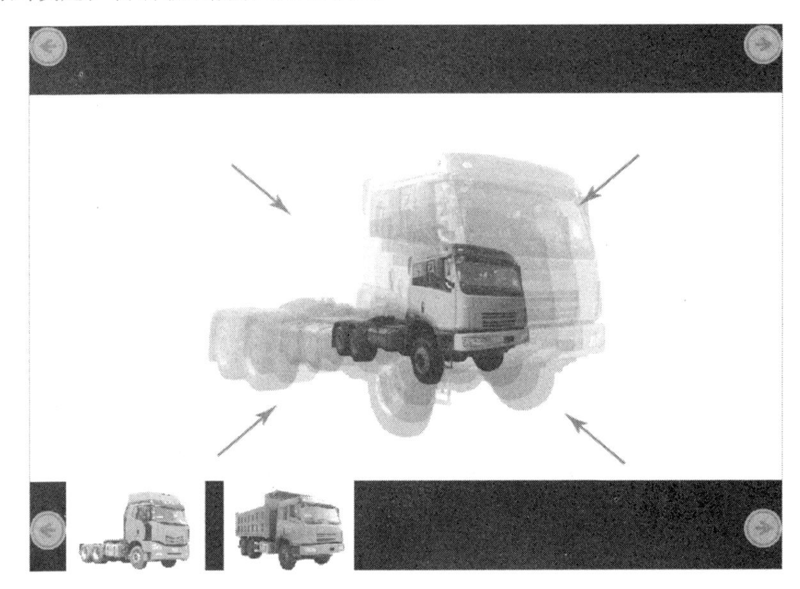

图 5-5　分组任务程序的动画功能示例之一

图 5-6　分组任务程序的动画功能示例之二

④ 分组功能：是这个程序工具的核心功能。被试通过点击交互按钮，完成分组。依据研究者对于分组的要求，再进行后续轮次的分组任务。这个过程中，软件工具负责引导被试一步一步地进行下去，而无需人工记录分类情况。图 5–7 是一轮分组结束时界面的一个例子。另外，分组过程中间的撤销也很关键，被试被允许反悔自己的选择，这样也使得测试更加准确。

图 5–7　一轮分组结束时界面的示例

⑤ 查看功能：该功能能够帮助被试更好地了解到已经选择好的产品图片，从而比对现在需要分组的产品和已经分好组的产品。这样的比对会让被试更清楚地认识到自己的选择，也方便被试进行可能的判断反悔。查看功能包括图片滚动和跳至图片头、尾部的能力。两者均使用左、右箭头来完成，当鼠标移至箭头处就开始滚动，并且图标变换成到底箭头。再点击鼠标就可以到达图片头部或尾部。如图 5–8、图 5–9 所示。

图 5-8　查看功能示例之一

图 5-9　查看功能示例之二

⑥ 计时功能：其目的是记录被试进行测试所使用的时间情况，用来比对先前使用纸笔测试的情况。这部分对于被试是不可见的，以防止被试感受到时间上的紧迫而仓促作答。

⑦ 通信功能：在网络调研状态下，通过该功能，将结果传至网站的服务器上，供研究者进行读取。通信时要有必要的反馈，以方便被试知道数据已经传输完毕。如图 5–10、图 5–11 所示。在面对面调研状态下，数据则可自动保存到调研所用的电脑上。

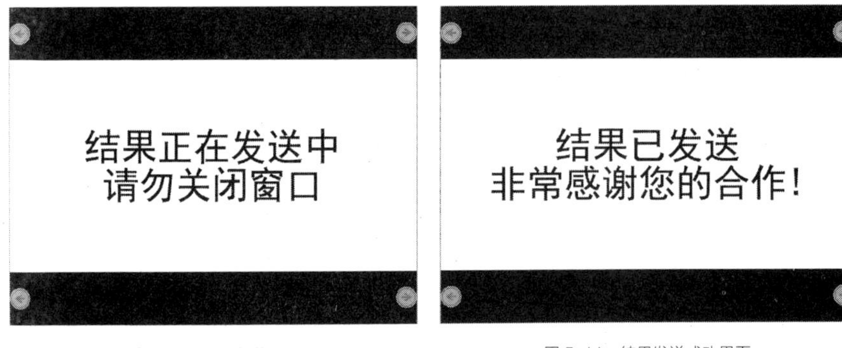

图 5-10　结果发送界面　　图 5-11　结果发送成功界面

（三）分组任务实验

共邀请了 10 位不同行业和地区的被试进行了样品分组任务实验，得到 10 份有效数据。取其平均值后，得到对 82 款重型卡车车身认知判断方面的相似性矩阵。

三、代表性车身的选取过程及结果

将上述相似性矩阵导入 SPSS 统计分析软件、进行聚类分析，采用“组间联系”法，得到了如图 5-12 所示的树状图结果。

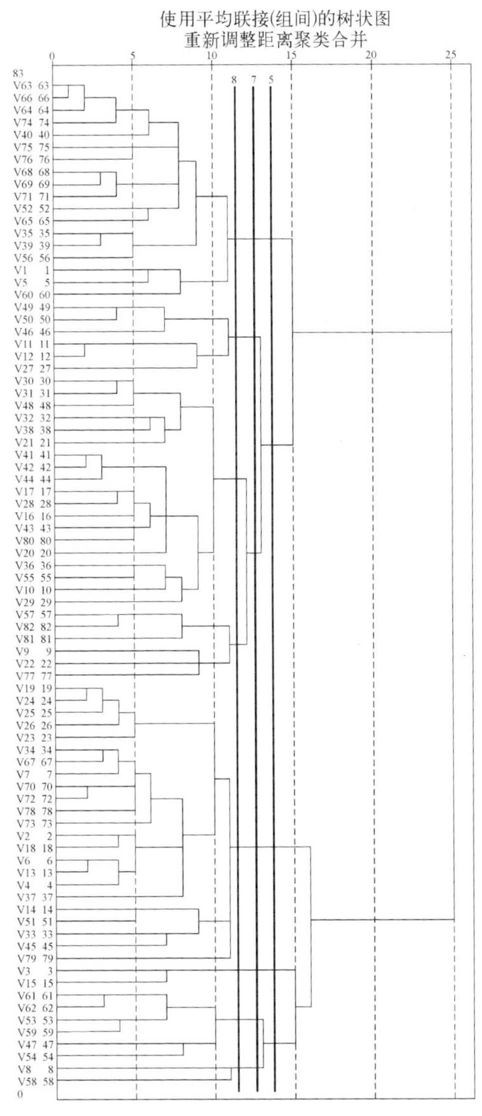

图 5-12　树状图

由树状图可以粗略地判断聚类分组的情况，在红线标注的地方，可以分别将82款产品分为8类、7类和5类。大致分成这些数目的类别，有利于保存一定数量的特征，又不至于使得类别太过于零碎、无法分析。

再使用“K–均值”聚类的方法查看这三种分类方式的分类情况。当分类数为8时，得到了表5–2所示的案例数分布；当分类数为7时，得到了表5–3所示的案例数分布；当分类数为5时，得到了表5–4所示的案例数分布。

表5–2　8类时的聚类案例数

每个聚类中的案例数

聚类	1	19.000
	2	9.000
	3	5.000
	4	15.000
	5	3.000
	6	7.000
	7	19.000
	8	5.000
有效		82.000
缺失		.000

表5–3　7类时的聚类案例数

每个聚类中的案例数

聚类	1	7.000
	2	14.000
	3	5.000
	4	5.000
	5	13.000
	6	19.000
	7	19.000
有效		82.000
缺失		.000

表5–4　5类时的聚类案例数

每个聚类中的案例数

聚类	1	21.000
	2	17.000
	3	25.000
	4	11.000
	5	8.000
有效		82.000
缺失		.000

从上面三组数据的对比可以发现，当分类数为 8 时，第 5 个类别含有的产品数目只有 3 个，也因此划分得过于细致，将总的特征分散得太开。当分类数为 5 时，每个类别含有的数目较多，第 3 个类别的案例数达到了 25 个，显然，也遗漏掉很多的特征。而分为 7 类时，从保留特征和避免零碎上来讲，都较为合适。

因此，再次使用“K–均值”聚类的方法，并将分类数设定为 7。通过聚类成员到该类别的中心距离值，如表 5–5 所示，便可以判断最能够代表该类别的产品。

表 5–5　聚类结果以及各聚类结果的距离

聚类成员

案例号	聚类	距离
27	1	.923
33	1	.998
46	1	.718
49	1	.864
50	1	.923
61	1	.761
62	1	.826
9	2	1.012
11	2	.960
12	2	.971
22	2	1.140
35	2	.952
39	2	.933
40	2	.960
56	2	.853
57	2	.805
60	2	.937
76	2	.910
77	2	.980

（续表）

案例号	聚类	距离
81	2	1.032
82	2	.765
3	3	.871
14	3	.818
15	3	.850
51	3	.679
79	3	.951
8	4	.952
47	4	.929
53	4	.752
54	4	.755
59	4	.793
1	5	.961
5	5	1.075
52	5	.947
58	5	1.106
63	5	.757
64	5	.693
65	5	.836
66	5	.728
68	5	.763
69	5	.679
71	5	.857
74	5	.742
75	5	.849
10	6	.946
16	6	.769
17	6	.721
20	6	.917
21	6	.858

（续表）

案例号	聚　类	距　离
28	6	.705
29	6	1.012
30	6	.975
31	6	.769
32	6	.818
36	6	.825
38	6	1.001
41	6	.862
42	6	.818
43	6	.775
44	6	.830
48	6	.929
55	6	.813
80	6	.805
2	7	.907
4	7	.803
6	7	.912
7	7	.671
13	7	.804
18	7	.787
19	7	.840
23	7	1.069
24	7	.832
25	7	.865
26	7	.816
34	7	.729
37	7	.827
45	7	.987
67	7	.729
70	7	.753

（续表）

案例号	聚类	距离
72	7	.809
73	7	.891
78	7	.849

这样，就得到7个类别中具有代表性的产品，分别是编号第7、第28、第46、第51、第53、第69、第82的产品，它们分别对应上汽依维柯红岩金刚重卡、依维柯Trakker系列重卡、庆铃GVR重卡、斯堪尼亚R系列重卡、曼TGM系列重卡、联合卡车重卡、青岛解放新悍威重卡。这七款重卡的车身（驾驶室）图片如图5–13所示。

图5–13　七款代表性产品

第二节　代表性意象词的选取

一、意象词的收集与整理

从网站、杂志、广告、消费者描述等渠道，收集关于重型卡车造型的大量描述性词汇，最终整理出 73 个词汇。以此为基础，进行意象词分组任务，以挑选出代表性意象词。

二、意象词分组任务

（一）分组任务程序工具的开发简介

本研究中开发的意象词分组任务程序工具，可以让被试根据意象词的含义，将意象词分成被试自己认为合理的组别。被试需要将给定的意象词，按照对于车身造型描述含义的相似程度进行分组。分组完成后，软件工具会引导被试对这些分组之间进行相似程度的两两判断、打分。最终数据发送到网站的服务器，或储存到调研用电脑，供后续分析时使用。

（二）意象词分组任务程序工具

分组任务程序工具的界面及相似性评判过程的界面，分别如图 5-14、图 5-15 所示。

1. 主界面构成说明

① 主词语框：用来显示所需分组的意象词词汇，让被试拖拽词汇进行分组；

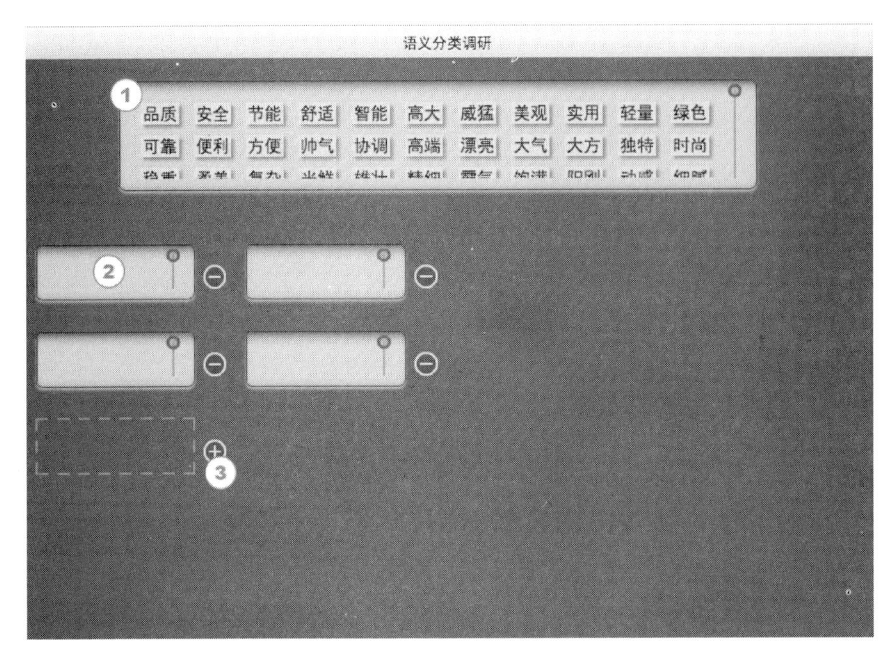

图 5-14　分组任务程序工具界面

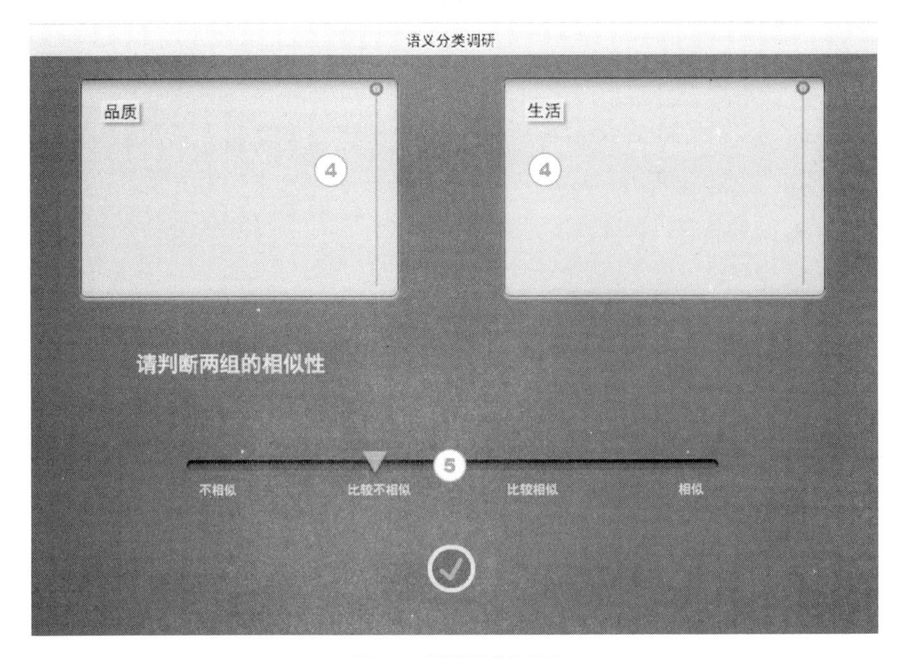

图 5-15　相似性比较的界面

② 分组框：被试将语义相近的意象词拖入分组框，即把这些词汇分为了一组；

③ 分组框增减按钮：对分组框的数量进行增加、减少。被试可以将词汇分为自己认为合理的组别数量；

④ 对比组：程序工具将需要判断相似性的两组词汇分别排列在界面的左、右两边，供被试评判；

⑤ 相似性评分条：被试可以拖动或点击评分条，选择相应的评分。

2. 意象词分组任务程序工具的功能

① 读取外部数据：软件直接调用 TXT 格式的意象词文档，方便进行意象词的调整。同时，软件内部设置自动识别半角与全角逗号的机制，避免研究者遇到这类不容易察觉到问题。

② 分组功能：分组功能是分组界面的核心。被试通过拖拽词汇到分组框中，进行分组。当分组结束时，需要删减掉空白的分组框。

③ 增减分组框功能：通过分组框旁边的加、减号（如图 5–16 所示）按钮来实现。加减框可以让被试自由地选择分组数，而不必按照调研者的规定来选择。

④ 分组框高亮功能：在分组进行过程中，当被试拖拽词汇到某个分组框时，该分组框高亮显示（如图 5–16 所示）。这样，被试容易感知到自己正在拖拽词汇到自己的目标分组框，为良好的交互性提供了保证。

⑤ 评分功能：评分功能中，分组框可更改大小后重新显示。评分设有两种方式，即点击评分条和拖拽评分指针。无论采用何种方式，评分指针都能在一定范围内自动对齐文字，给被试明确的评分指示。

⑥ 通信功能：与产品分组任务程序工具的通信功能类似，在此不再重复介绍。

（三）意象词分组任务实验

基于意象词分组任务程序工具平台，共邀请 20 位被试完成了对 73 个意象词词汇的分组任务。保存的数据，用于后续分析。

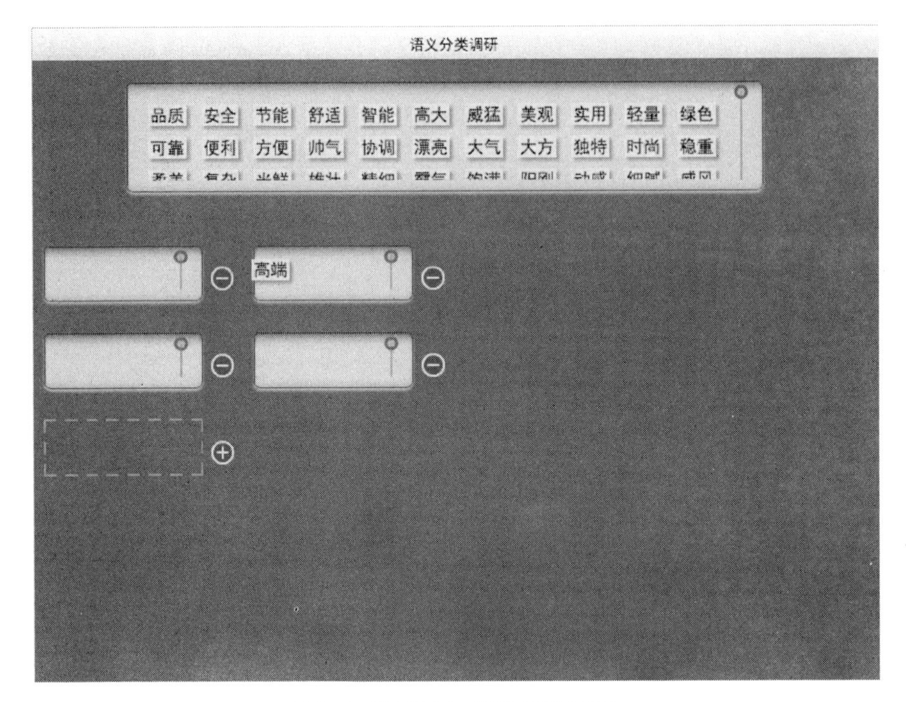

图 5-16 增减分组框、分组框高亮功能示例

三、代表性意象词的选取

将意象词分组任务实验所得的数据，导入 SPSS 统计分析软件、进行系统聚类分析。采用 WARD 法，得到 12 组代表性的意象词词汇，如表 5-6 所示。通过整理和配成词对，形成代表性意象词词对。考虑到从“节能的—浪费的”意象角度对车身造型加以判断、评分，较为牵强和困难，后续进行语义评价实验时，不考虑此意象词词对。

表 5-6 12 对代表性意象词词对

1	强壮的	瘦弱的
2	饱满的	空虚的
3	大气的	小气的
4	美观的	丑陋的

（续表）

5	和谐的	凌乱的
6	豪华的	低端的
7	流线的	停滞的
8	简洁的	复杂的
9	精细的	粗陋的
10	可靠的	易损的
11	节能的	浪费的
12	舒适的	难受的

第三节 语义评价实验及数据分析

一、语义评价实验

（一）语义评价程序工具的开发

1. 程序工具简介

语义评价采用的是语义差分法。在开发语义评价程序工具时，参考了有关研究人员的研究结果[①]，同时，对语义调研功能进行了改进和完善，例如允许被试在测试过程中调整自己的评分，从而更好地表达评判意图。

本研究中开发的语义评价程序工具的测试方法是：测试中，被试被要求将给定的车身造型（图片）、按照给定的意象词词对进行评分。评分采用 5 阶李克特量尺，即–2、–1、0、1、2。被试在评分过程中，可以点击左下角按钮打开调整界面，拖动图片进行调整。被试在评分完成后还有一次调整机会。

2. 程序工具的界面

语义评价程序工具的界面如图 5–17、图 5–18 所示。其主要构成如下：

① 主界面：是展示产品图片的主要区域。方便被试观看，做出判断。

② 评分条：拖动或者点击即可选择所需的评分。

③ 界面切换按钮：可以切换到调整界面。切换后，再次点击，可切换回主界面。

④ 调整界面：可以查看已评分的情况。并且，可以拖拽图片进行再次

图 5-17　语义评价程序工具主界面

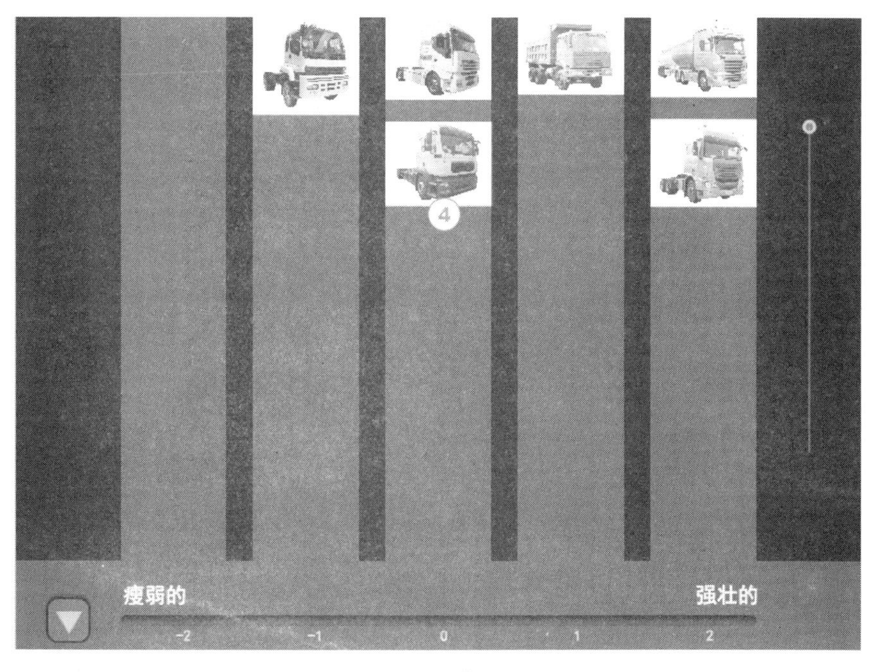

图 5-18　调整界面

调整，被试可了解到整个评价的全貌，以便必要时进行界面切换、重新评分，得到更加准确的评定。

3. 程序工具的功能

语义评价程序工具的主要功能如下：

① 读取数据：图片也是从外部读取。对所涉及的图片采用了预读取的方法。被试需要等待图片读取完成后，进行测试。

② 评分功能：与意象词分组任务程序工具的功能类似，在此不重复介绍。

③ 界面切换功能：由于显示屏幕尺寸的限制，无法将调整界面直接整合在主界面之中。因此，引入了界面切换按钮，进行两个界面的切换，如图 5-19 所示。同时，当被试进行了评分后，图片会产生动画效果，即缩放并移动到界面切换按钮处，以此向被试暗示图片的去处。

图 5-19　动画效果示意图

④ 调整功能：通过拖拽图片即可实现调整操作，使用起来很方便。在一组意象词评分完成后，强迫性地进入一次调整界面。此时被试可对

已做的评分选择从整体上浏览一次，必要时进行最终的调整。如图 5–20 所示。

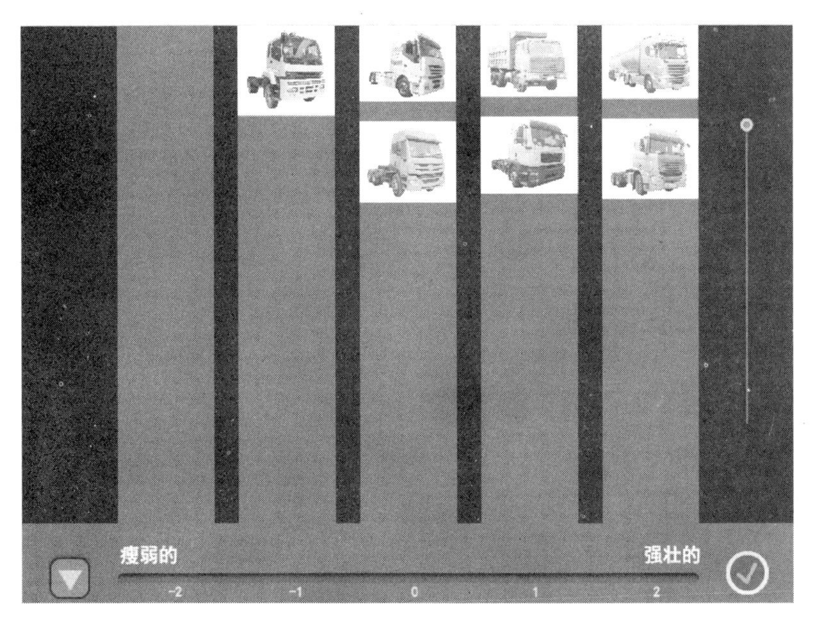

图 5–20 整体浏览与调整功能

⑤ 通信功能：与前两个程序工具类似。

（二）语义评价实验

在语义评价实验中，借助开发的语义评价程序工具，先后邀请 20 多名被试，使用意象词词对、对 7 款代表性车身进行语义评价。将被试的评价结果加以平均，得到如表 5–7 所示的评价分值。

表 5–7 语义评价实验所得的平均分值表

	7 号重卡	28 号重卡	46 号重卡	51 号重卡	53 号重卡	69 号重卡	82 号重卡
强壮的—瘦弱的	1.1	0.7	–0.3	1.5	1.3	0.6	0
饱满的—空虚的	0.5	0.5	0.3	1.4	1.2	0.5	0.2
大气的—小气的	0.5	0.9	–0.2	1.3	1.1	0.6	0.2

（续表）

	7号重卡	28号重卡	46号重卡	51号重卡	53号重卡	69号重卡	82号重卡
漂亮的—丑陋的	−1	0.7	1	0.5	0	−0.7	−0.6
和谐的—凌乱的	−0.7	0.7	0.7	0.4	0.5	0	−0.2
豪华的—低端的	−1.6	0.9	1.1	0.6	0.2	−0.1	−0.4
流线的—停滞的	−1.5	0.6	1.6	1.2	−0.2	−0.9	−0.3
简洁的—复杂的	−0.2	0.7	0.9	−0.4	0.9	−0.6	0.1
精细的—粗陋的	−1.8	0.7	1.6	1.2	0.2	−0.3	−0.7
可靠的—易损的	0.1	0.8	0.3	1.3	0.8	0.1	0.5
舒适的—难受的	−1.6	1	1.2	0.6	0.2	−0.2	−0.3

二、数据分析与结论

借助语义评价实验所获得的数据，在 SPSS 统计分析软件中进行回归分析，来判断意象对造型总体评价的关系和影响作用。做回归分析时，使用“Enter”方式。

从分析结果中如图 5–21 所示方差分析（ANOVA）表可以看到，$P<0.001$，表明分析结果有统计学意义。

ANOVA[b]

Model	Sum of Squares	df	Mean Square	F	Sig.
1 Regression	29 894.467	11	2 717.679	8.866	.000[a]
Residual	33 105.533	108	306.533		
Total	63 000.000	119			

a. Predictors: (Constant), 流线，强壮，和谐，简洁，大气，精致，饱满，可靠，舒适，豪华，美观
b. Dependent Variable: 总体

图 5–21　回归分析软件界面以及部分分析结果

分析所得到的偏回归系数表，如图 5–22 所示，从中可看到回归模型常数项，大气、美观、舒适、流线的偏回归系数，分别为 9.005、–0.313、0.321、0.355、0.175。由此可以写出如下（转化表达的）回归模型（$P<0.05$）：

重卡车身评价 =9.005–0.313（大气）+0.321（美观）+0.355（舒适）+0.175（流线）

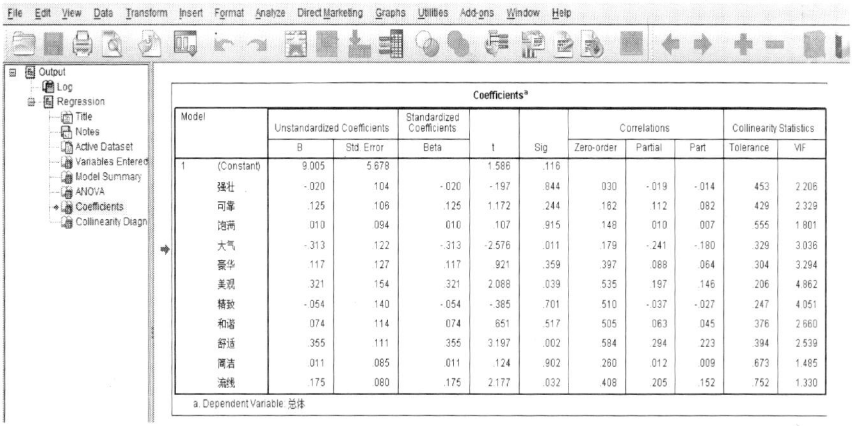

File　Edit　View　Data　Transform　Insert　Format　Analyze　Direct Marketing　Graphs　Utilities　Add-ons　Window　Help

Output
Log
Regression
Title
Notes
Active Dataset
Variables Entered
Model Summary
ANOVA
Coefficients
Collinearity Diagn

Coefficients[a]

Model		Unstandardized Coefficients		Standardized Coefficients	t	Sig	Correlations			Collinearity Statistics	
		B	Std. Error	Beta			Zero-order	Partial	Part	Tolerance	VIF
1	(Constant)	9.005	5.678		1.586	.116					
	强壮	-.020	104	-.020	-.197	844	030	-.019	-.014	453	2.206
	可靠	.125	.106	.125	1.172	.244	.162	.112	.082	429	2.329
	饱满	.010	.094	010	.107	.915	148	010	007	555	1.801
	大气	-.313	.122	-.313	-2.576	.011	.179	-.241	-.180	.329	3.036
	豪华	.117	.127	.117	.921	.359	.397	.088	.064	304	3.294
	美观	.321	154	.321	2.088	.039	.535	.197	.146	.206	4.862
	精致	-.054	140	-.054	-.385	.701	510	-.037	-.027	.247	4.051
	和谐	.074	114	074	651	.517	505	.063	.045	.376	2.660
	舒适	.355	.111	355	3.197	.002	584	.294	.223	.394	2.539
	简洁	.011	.085	.011	.124	.902	.260	.012	.009	.673	1.485
	流线	.175	.080	.175	2.177	.032	.408	.205	.152	.752	1.330

a. Dependent Variable: 总体

图 5–22　回归分析软件界面以及系数结果

这一模型表明，11 个意象中，对重卡车身评价具有影响作用的是“大气”、“美观”、“舒适”、“流线”等 4 个意象判断。其中，具有最大正面影响的意象是“舒适”，其次是“美观”、“流线”；“大气”意象则具有负面影响。也就是说，被试对重卡车身越认为其“舒适”、“美观”、“流线”，就越有助于他们给出良好评价。与此相反，被试对重卡车身越认为其“大气”，就越不利于他们给出正面评价。

这 4 个意象词将用于接下来再次进行的语义评价实验之中。

第四节　形态分析与正交试验设计

一、形态分析

采用形态分析法，进行重卡车身造型构成要素的用户调研。在调查中，将前述 7 款代表性车型造型图片打印出来后，邀请 10 多位被试（包含汽车造型设计师）在图片上进行勾勒和标记，表达自己对重卡车身的主要造型特征及其相互关系的分析和判断。

经过整理和研究者的进一步分析，采用的项目及其类目如下：

整理出 5 个重要的设计特征和特征关系要素作为项目，为三个正面形体关系、两个正面与侧面形体关系。

通过进一步分析，确定这 5 个项目的不同类目，作为本研究的形态分析最后结果，如下：

项目 A：正面形体关系一。整理出“偏宽”、“偏高”两个类目。

项目 B：正面形体关系二。整理出“明显后倾”、“较为直立”两个类目。

项目 C：正面形体关系三。整理出“三部分独立”、“前 3 独立”、“前 2 前 3 一体化”三个类目。

项目 D：正面与侧面形体关系一。整理出“形体呼应”、“形体独立”两个类目。

项目 E：正面与侧面形体关系二。同样整理出“形体呼应”、“形体独立”两个类目。

这样，对重卡驾驶室造型进行形态分析后，最终得到5大项目、11个类目。可参见图5–23中所示。

二、正交试验设计方案

正交试验设计（Orthogonal experimental design）在很多工程技术领域的研究中得到广泛应用。它能科学而有效地降低试验的次数。例如，在重卡驾驶室造型的形态分析过程中，得到5大项目、共11个类目的分析结果，理论上可以组合出48种驾驶室造型形体。要在后续再次进行的语义评价实验中，对这48种造型逐一加以评价，显然工作量是很大的。此外，收集到的现有造型也难以完全包含这48种造型方案。因此，利用正交试验设计，就可有效降低造型组合数，使得调研工作量大大减少。

运用SPSS软件的试验设计方案生成功能，生成车身造型的8种正交试验设计方案。如图5–23中所示。这些方案中的每一个都代表一种相应的驾驶室造型。本研究中，在收集到的造型图片中找到了对应于每一种正交试验设计方案的车身造型样品，如图5–24所示。它们也较为均匀地分布于前述的7个聚类类别中。因此可以说，试验设计产生的这8个造型方案，从与被试依造型相似性对所有车身样品进行的分类相比较的角度来看，也是具有较好的代表性的。

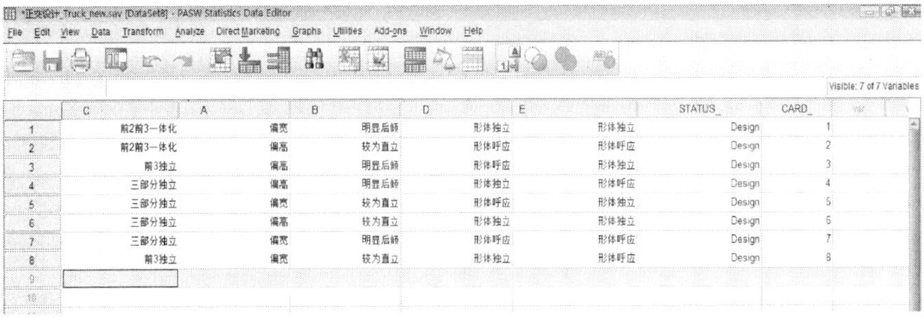

*正交设计_Truck_new.sav [DataSet8] - PASW Statistics Data Editor

File Edit View Data Transform Analyze Direct Marketing Graphs Utilities Add-ons Window Help

Visible: 7 of 7 Variables

	C	A	B	D	E	STATUS_	CARD_	var
1	前2前3一体化	偏宽	明显后倾	形体独立	形体独立	Design	1	
2	前2前3一体化	偏高	较为直立	形体呼应	形体呼应	Design	2	
3	前3独立	偏高	明显后倾	形体呼应	形体独立	Design	3	
4	三部分独立	偏高	明显后倾	形体独立	形体呼应	Design	4	
5	三部分独立	偏宽	较为直立	形体呼应	形体独立	Design	5	
6	三部分独立	偏高	较为直立	形体独立	形体独立	Design	6	
7	三部分独立	偏宽	明显后倾	形体呼应	形体呼应	Design	7	
8	前3独立	偏宽	较为直立	形体独立	形体呼应	Design	8	
9								
10								

图5–23 使用SPSS软件生成的正交试验设计方案

图 5-24 依据试验设计方案挑选出的对应样品

第五节　设计参考模型与综合性设计策略

一、正交试验设计方案的语义评价实验

至此，本研究已从形态分析和正交试验设计的角度得到8种车身造型，并且分析得到了对重卡车身评价有影响作用的4个意象。为了探索消费者从这些心理意象、对这些造型的认知和评价，进行新的语义评价实验。实验中，以语义评价程序工具为平台，共邀请30余名男性、女性被试。每个被试分别从4个意象感受角度、依次对8款车身进行评价、打分，形成语义评价数据。

二、设计特征属性与造型偏好

本研究接下来运用联合分析法展开分析，以发现消费者心中的意象评价与造型偏好之间的直接量化关系。

联合分析是一种用于开发有效产品设计的市场研究工具。本研究中使用联合分析，有助于发现哪些造型属性（形态分析中的项目或联合分析中所称的因子，以及形态分析中的类目或联合分析中所称的因子级别）对消费者重要、哪些产品属性对消费者不重要？消费者心中最喜欢或最不喜欢的产品属性级别有哪些？通过使用联合分析对消费者造型偏好加以建模，还可以发现消费者对竞争对手的产品造型与己方现有或提出的产品造型的认知差异在哪里，特定被试（或子群体）与整个被试消费者群体的认知和偏好差异在哪里。

基于上述语义评价数据，在 SPSS 软件中进行联合分析，得到每个因子级别的效用值以及每个因子的相对重要性。前者相当于每个类目的偏相关系数，后者相当于反映每个项目所占重要度的百分比得分。

对“舒适”意象的语义评价数据进行联合分析的结果，如图 5-25 中所示。

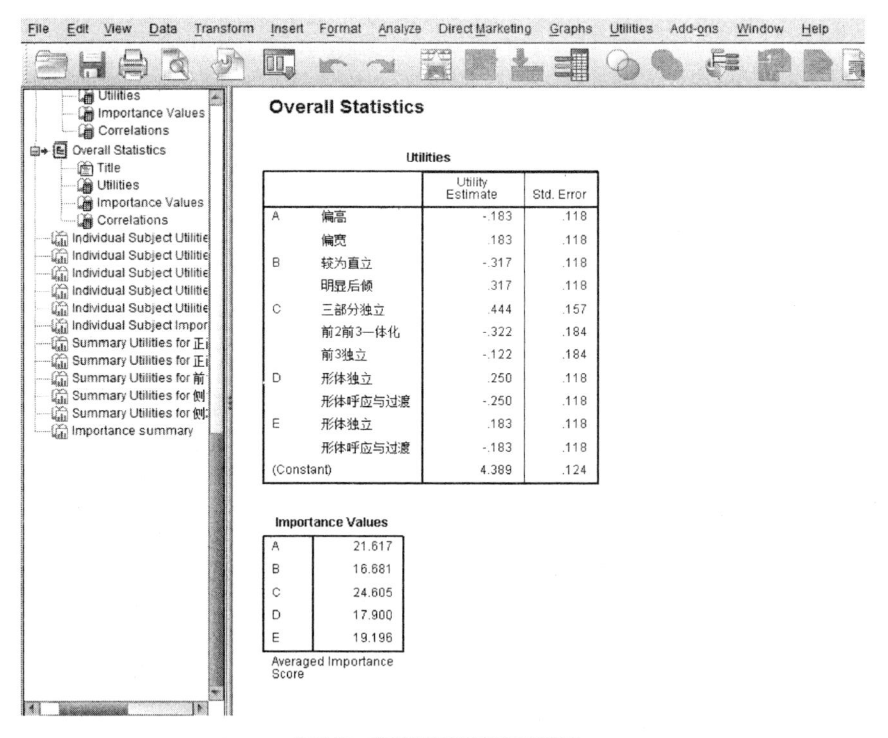

Utilities

		Utility Estimate	Std. Error
A	偏高	-.183	.118
	偏宽	.183	.118
B	较为直立	-.317	.118
	明显后倾	.317	.118
C	三部分独立	.444	.157
	前2前3一体化	-.322	.184
	前3独立	-.122	.184
D	形体独立	.250	.118
	形体呼应与过渡	-.250	.118
E	形体独立	.183	.118
	形体呼应与过渡	-.183	.118
(Constant)		4.389	.124

Importance Values

A	21.617
B	16.681
C	24.605
D	17.900
E	19.196

Averaged Importance Score

图 5-25　效用得分和因子的相对重要性

从图中所列的总体统计结果可见，从对车身评价的贡献角度来看，因子 A 这一因素受到全体被试重视的程度为 21.617%，即这是在全体被试的认知与判断中，因子 A 的相对重要性。同样，因子 B、因子 C、因子 D、因子 E 的相对重要性分别为：16.681%、24.605%、17.900%、19.196%。显然，在 5 个因子（设计特征）中，对被试做出“舒适”评价影响最大的是因子 C，即项目 C。

另外，分析结果也显示出每个因子级别的效用得分及其标准误。正的效用值越高，表示偏好越强烈。而负的效用值表示反向，负值越大，表示越不受偏好。因此，对产生“舒适”评价而言，因子A应取“偏宽”的因子级别、因子B应取“明显后倾”的因子级别、因子C应取“三部分独立”的因子级别、因子D应取“形体独立”的因子级别、因子E应取“形体独立”的因子级别。从形态分析与构成的角度来说，消费者偏好于这样一种设计特征组成的车身造型组合，或者说消费者更可能对这样的设计特征组合而成的车身给予“舒适”评价。

值得说明的是，借助联合分析结果，还可以对任一造型组合（即任一现有造型方案或新的造型设计方案）的总效用加以计算，从而得出消费者对这一造型的偏好程度。这一点是很有价值的。

三、设计参考模型的建立

已经发现对车身评价有影响的4个意象维度。借助联合分析，可以得到设计特征属性与消费者在这些意象上的造型偏好的对应关系。结果如图5-26、图5-27所示。

Utilities

		Utility Estimate	Std. Error
A	偏高	-.183	.118
	偏宽	.183	.118
B	较为直立	-.317	.118
	明显后倾	.317	.118
C	三部分独立	.444	.157
	前2前3一体化	-.322	.184
	前3独立	-.122	.184
D	形体独立	.250	.118
	形体呼应与过渡	-.250	.118
E	形体独立	.183	.118
	形体呼应与过渡	-.183	.118
(Constant)		4.389	.124

Importance Values

A	21.617
B	16.681
C	24.605
D	17.900
E	19.196

Averaged Importance Score

+舒适

➜ Overall Statistics

Utilities

		Utility Estimate	Std. Error
A	偏高	-.017	.047
	偏宽	.017	.047
B	较为直立	-.300	.047
	明显后倾	.300	.047
C	三部分独立	.267	.063
	前2前3一体化	-.233	.074
	前3独立	-.033	.074
D	形体独立	.217	.047
	形体呼应与过渡	-.217	.047
E	形体独立	.533	.047
	形体呼应与过渡	-.533	.047
(Constant)		4.433	.050

Importance Values

A	20.614
B	17.970
C	27.278
D	16.755
E	17.384

Averaged Importance Score

+美观

图5-26　效用得分和因子的相对重要性（“舒适的”、“美观的”意象）

Overall Statistics

Utilities

		Utility Estimate	Std. Error
A	偏高	-.300	.542
	偏宽	.300	.542
B	较为直立	.000	.542
	明显后倾	.000	.542
C	三部分独立	.000	.723
	前2前3一体化	.033	.848
	前3独立	-.033	.848
D	形体独立	.200	.542
	形体呼应与过渡	-.200	.542
E	形体独立	.367	.542
	形体呼应与过渡	-.367	.542
(Constant)		4.500	.571

Importance Values

A	18.748
B	18.688
C	32.804
D	13.873
E	15.888

Averaged Importance Score

+流线

Overall Statistics

Utilities

		Utility Estimate	Std. Error
A	偏高	-.183	.082
	偏宽	.183	.082
B	较为直立	.250	.082
	明显后倾	-.250	.082
C	三部分独立	.022	.110
	前2前3一体化	-.328	.129
	前3独立	.306	.129
D	形体独立	-.100	.082
	形体呼应与过渡	.100	.082
E	形体独立	-.200	.082
	形体呼应与过渡	.200	.082
(Constant)		4.494	.087

Importance Values

A	21.149
B	17.372
C	31.860
D	18.939
E	10.680

Averaged Importance Score

-大气

图 5-27 效用得分和因子的相对重要性（“流线的”、“大气的”意象）

可以观察到，本次研究中消费者对重卡车身造型的偏好反映出明确的、较高的一致性，即消费者对车身造型的偏好与车身设计特征之间具有明确指向关系：在三种正面形体关系、两种正面与侧面形体关系中，取“偏宽”、“后倾”、“三部分独立”，以及“形体独立”、“形体独立”的设计特征和形体关系，能提高在“舒适”、“美观”、“流线”等正面意象上的感受、降低在“大气”这一负面意象上的感受，从而使车身造型在消费者的评价中更能具有好的评价。这些设计特征和形体关系，也就构成了重型卡车车身创新时的设计参考模型和方向指引。

四、综合性设计策略的形成

本研究中，除了探索和提出基本的设计参考模型之外，还进一步展开综合的分析，借以更深入地理解消费者多方面的认知，使企业能结合自身产品所处的态势，洞悉并形成对自身有针对性的、车身造型创新的综合性设计策略。

（一）多维偏好分析

通过进行多维偏好分析，可以直观地观察重卡车身造型在多维意象空间中所处的位置。企业既可以看到自身车身造型在消费者心目中所处的评判态势，也可看到其他竞争对手的车身造型所处的态势。图 5–28 是进行多维偏好分析所得的结果，图 5–29 是对多维偏好分析所得结果的直观化处理与表现，从中可清楚看到有两款产品造型在总体车身评价上，以及“舒适”、“美观”、“流线”等正面意象的评价上，处在受到消费者较高评价的有利竞争态势。

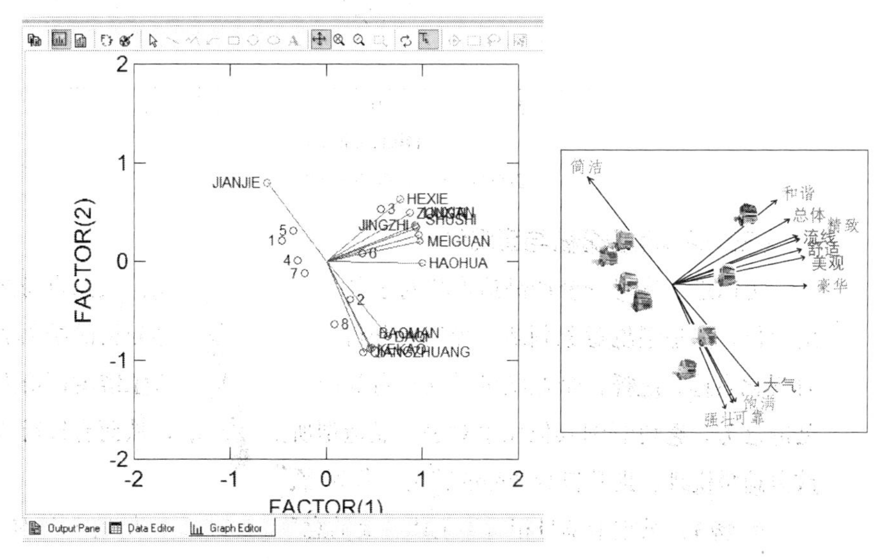

图 5–28　多维偏好分析结果　　　图 5–29　多维偏好分析结果的直观化

（二）偏好映射分析

借助偏好映射分析，还可以清晰地看到细分的消费者群体与重卡车身产品之间的关系，具体而言，根据一定标准对消费者群体进行细分后，可以判断哪一个或几个细分的消费者子群体偏好哪一个产品造型。图 5–30 是一个偏好映射分析结果的例子，图中的每个黑点表示每款产品，每个圆圈代表每个消费者或每个细分的消费者子群体。对某个黑点（产品）而言，越靠近它的圆圈（每个消费者或子群体），就是最喜好它的消费者个体或子群体。

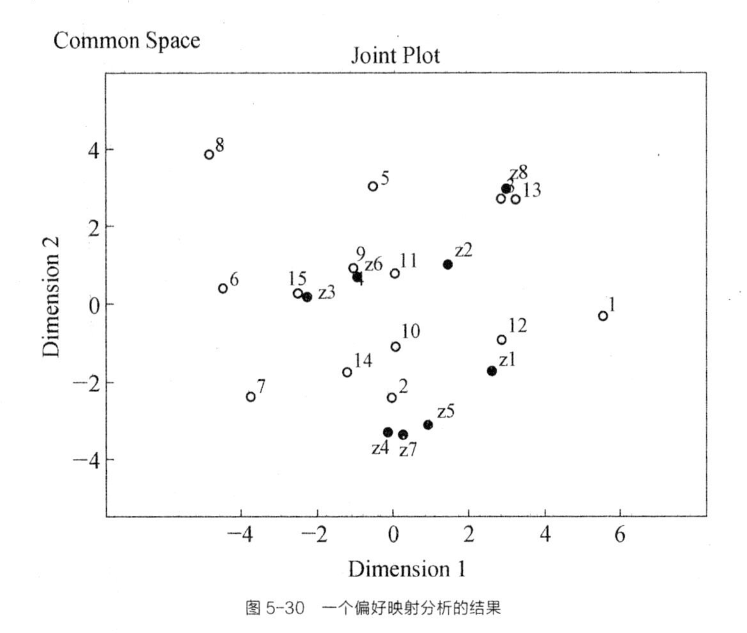

图 5-30　一个偏好映射分析的结果

（三）意象差异分析与直观化

可以进一步对一个产品造型相对于其他某个产品造型、或除自身之外的全体产品造型的意象判断差异进行分析，并将意象差异分析的结果加以直观化表达。这样，企业既可以发现自身产品造型在各意象维度评价上所处的态势，也可看到其他竞争对手产品造型所处的态势，从而有针对性地改善造型设计、提升自身产品的特定意象评价。

① 例 1：某重卡车身相对于全体产品的意象差异分析。如图 5–31 所示，在车身评价上，处在 0 值附近，表明消费者对其车身造型的相对评价为中性。在“简洁”意象的评价维度上，高于对全体产品的评价均值较多。在“和谐”意象的评价维度上，略高于对全体产品的评价均值。而在其他意象维度上的评价，均基本等同于甚至明显低于对全体产品的评价均值。在对车身评价有显著正面影响的“舒适”、“美观”、“流线”等三个意象维度上，基本处在与对全体产品的评价均值等同的状态。通过意象差异分析，可以清晰地看到该款重卡车身造型在消费者心目中的现状，以及后续车身造型改进的方向。

② 例 2：某重卡车身相对于全体产品的意象差异分析。如图 5–32 所示，

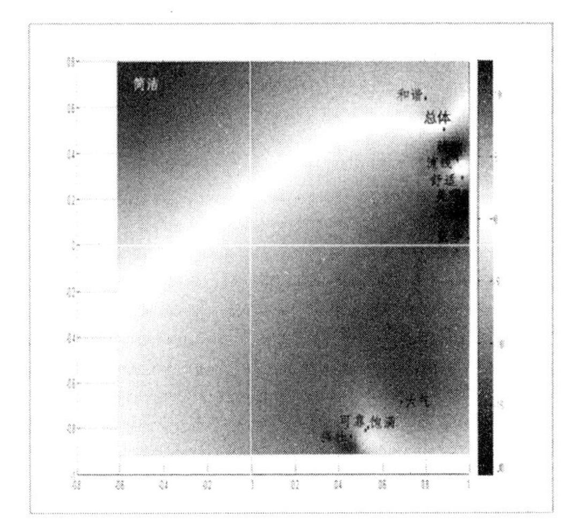

图 5-31　某款重卡车车身造型的意象差异分析及其直观化（右边的评价刻度尺上，“0”值为中性，在图中以白色显示；0 值的上部为正评价分值区域，在图中以红色显示，正分值越高红色越深；0 值的下部为负评价分值区域，在图中以蓝色显示，负分值越高蓝色越深。余同）

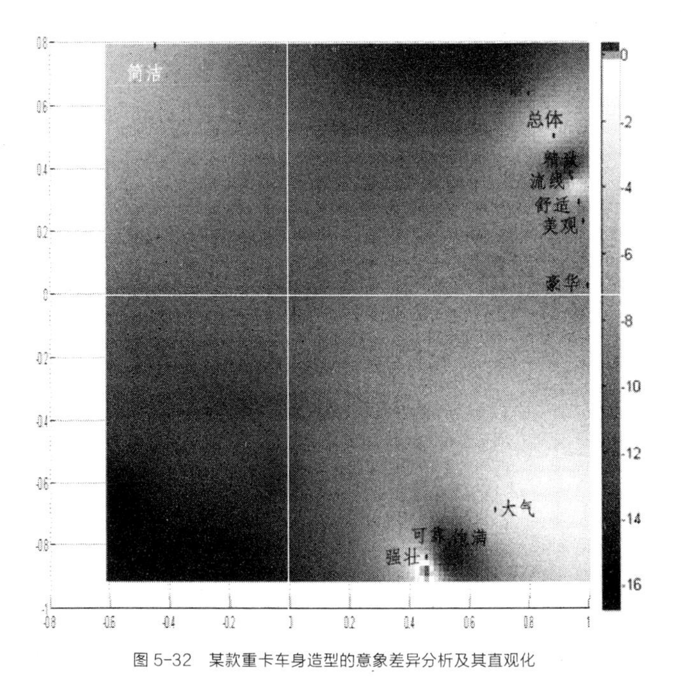

图 5-32　某款重卡车身造型的意象差异分析及其直观化

在车身评价上及其他几乎所有意象维度的评价上，该款车身基本处在低于全体产品评价均值之下，表明消费者对此车身造型的评价整体上较为负面。

③ 例 3：某重卡车身相对于全体产品的意象差异分析。如图 5-33 所示，在车身评价上及其他大部分意象维度的评价上，该款车身处在高于全体产品评价均值之上，表明消费者对此车身造型的评价整体上较为正面。

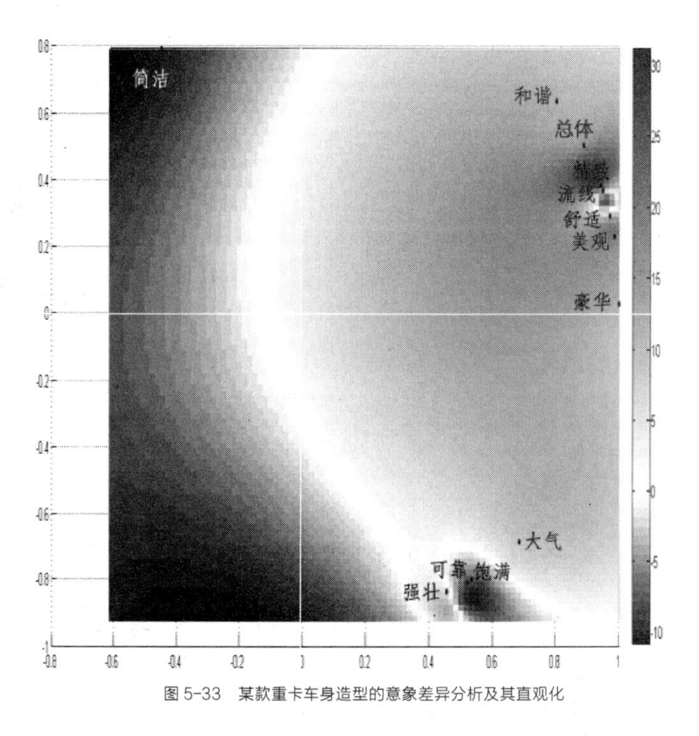

图 5-33　某款重卡车身造型的意象差异分析及其直观化

④ 例 4：从细分消费者或细分市场的角度，对所有车身造型进行意象差异分析。例如，从性别角度对消费者进行细分后，分析并直观地表达男性消费者相对于整个消费者群体的意象差异，如图 5-34 所示。

总之，结合建立的设计参考模型，通过进一步展开多种分析，特别是对这些分析结果加以直观化描述表达，企业得以能系统地制订深入理解消费者心理认知和审美评判的、有自身针对性的、综合性的设计策略。

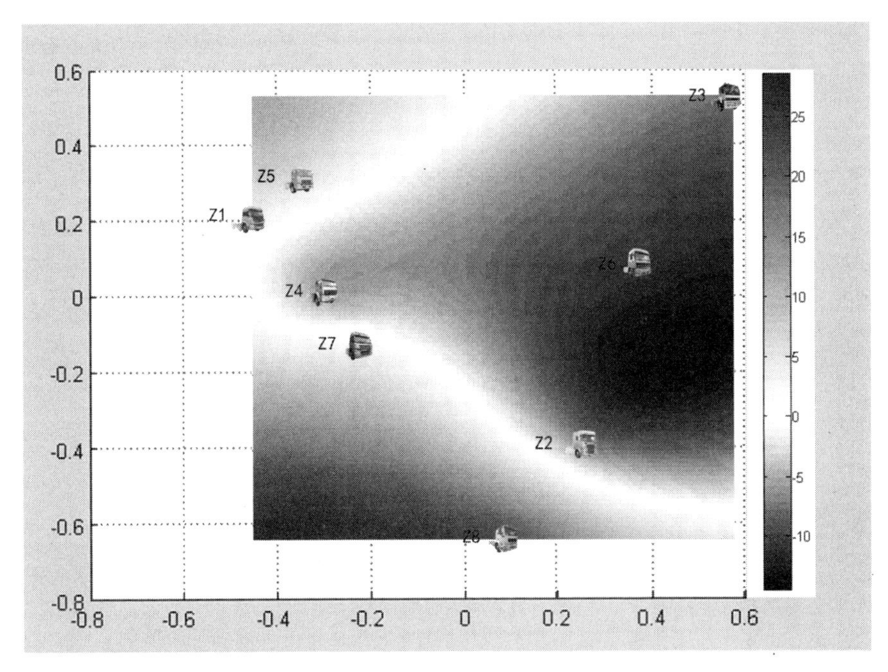

图 5-34　各款车身造型在男性消费者心目中意象差异分析及其直观化

本章注释：

① 庄雅量 . CAKE：扩充性感性意象调查与分析系统 [D]. 台北：台湾科技大学，2007.

第六章

轿车侧面造型创新与设计策略

第一节 代表性产品的选取

如前面第二章所述，研究发现侧视图（主视图）方向的轿车造型，也是消费者十分看重的；在本研究团队此前展开并完成的消费者对前侧视角度轿车造型偏好的研究中，发现“舒适”意象是对造型喜好有显著影响的意象感受；本次研究在前期阶段对76位被试进行调查[①]并进行数据分析后发现：“舒适”也是对消费者对轿车侧面造型的喜好有显著影响的意象感受。因此，本研究以轿车侧面造型为对象，展开侧面造型与“舒适”意象的关系研究。需要说明的是，本研究仅聚焦在轿车侧面造型的上部特征线——由发动机罩、前风窗、车身顶部、后风窗、行李箱盖的轮廓线连接而成——与消费者对轿车侧面造型“舒适”感受之间的关系；没有考虑轿车侧面造型中的其他要素（例如前后保险杠、裙部轮廓线、车身腰线、侧窗样式、轮毂样式等）的影响。

本研究团队在探讨轿车侧面造型的运动感时[②]，收集到2013—2014年度、中国市场上主要汽车品牌的轿车侧面造型图片，共计103款车款，这些品牌和车款覆盖了中国轿车市场较有知名度的企业及其车型。对这103张图片进行了预处理，包括将所有图片变成灰阶图、设置统一的车头向左角度、去除杂乱光影及背景、将图片的总长调整为一致等。

运用第五章中述及的分组任务程序工具，邀请15名在校大学生（均为非设计专业背景）作为被试（其中男生8名、女生7名），对所有侧面造型的相似性程度进行评判，完成分组任务实验。对实验所获数据，在SPSS

统计分析软件中进行聚类分析。从5个类别中各挑选两款轿车侧面造型（图片），得到10款代表性侧面造型。如表6-1所示。

表6-1　十款代表性侧面造型③

第二节　侧面造型上部特征线的形态分析

一、上部特征线的定义方法与数据提取

如前所述，侧面造型的上部特征线是指由发动机罩、前风窗、车身顶部、后风窗、行李箱盖等五段 Y0 断面轮廓线组成的侧面造型特征线。

为了提取前述 10 款代表性侧面造型的上部特征线的坐标数据，采用了如下方法：

① 依次将 10 款代表性侧面造型的图片，导入到 Rhinoceros 软件工具的 Top 视图中，将前轮中心点对正到坐标原点。

② 以 3 阶 CV 曲线绘制组成上部特征线的一条轮廓线。然后显示出其曲率梳，将梳齿密度设定为 3，这样五根梳齿将轮廓线分为 4 段。移动光标到齿根处可以在状态栏看到齿根点的（x, y）坐标值，记录其坐标值。依次完成对五条轮廓线的数据记录。

③ 将发动机罩轮廓线记为线段 a，它的五个梳齿点依次记为 a1、a2、a3、a4、ab（线段 a 与后面线段 b 的交接点），四个小段依次记为 sa1、sa2、sa3、sa4（如图 6–1 所示）；将前风窗轮廓线记为线段 b，它的五个梳齿点依次记为 ab、b2、b3、b4、bc（线段 b 与后面线段 c 的交接点），四个小段依次记为 sb1、sb2、sb3、sb4；将车身顶部轮廓线记为线段 c，它的五个梳齿点依次记为 bc、c2、c3、c4、cd（线段 c 与后面线段 d 的交接点），四个小段依次记为 sc1、sc2、sc3、sc4；将后风窗轮廓线记为线段 d，它的五个梳齿点依次记

为 cd、d2、d3、d4、de（线段 d 与后面线段 e 的交接点），四个小段依次记为 sd1、sd2、sd3、sd4；将行李箱盖轮廓线记为线段 e，它的五个梳齿点依次记为 de、e2、e3、e4、e5，四个小段依次记为 se1、se2、se3、se4。

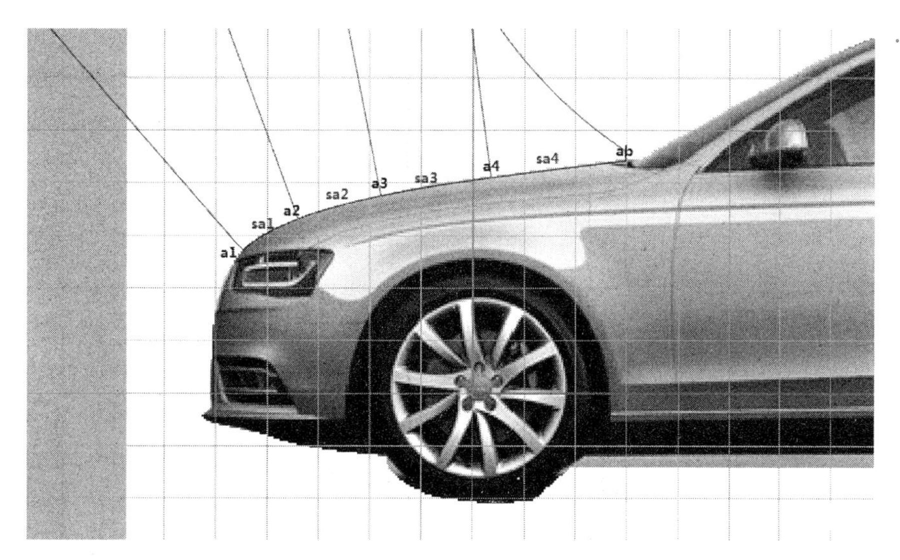

图 6-1　轮廓线线段的标记方法示例

借助相邻的前后两个梳齿点（例如 a2、a1）的坐标数据，计算出 sa1 小线段的斜率值。依此方法，计算共计 20 个小段的斜率值，并分别记为 ka1、ka2、ka3、ka4（线段 a），kb1、kb2、kb3、kb4（线段 b），kc1、kc2、kc3、kc4（线段 c），kd1、kd2、kd3、kd4（线段 d），ke1、ke2、ke3、ke4（线段 e）。

④ 依次将各个代表性侧面造型的五条轮廓线的数据加以记录。

按照这样方法过程，对 10 款代表性侧面造型（s1 至 s10）上部特征线的五个线段（共计 20 个小段）、计算所得的完整斜率值结果，如表 6-2 所示。

表 6-2　二十小段斜率值表

	ka1	ka2	ka3	ka4	Kb1	kb2	kb3	kb4	Kc1	kc2	kc3	kc4
s1	0.42	0.20	0.17	0.08	0.61	0.55	0.50	0.40	0.18	0.03	–0.04	–0.16
s2	0.44	0.27	0.19	0.21	0.43	0.46	0.43	0.33	0.18	0.07	0.00	–0.11
s3	0.61	0.34	0.21	0.13	0.53	0.55	0.43	0.43	0.29	0.02	–0.05	–0.12

（续表）

	ka1	ka2	ka3	ka4	Kb1	kb2	kb3	kb4	Kc1	kc2	kc3	kc4
s4	0.26	0.16	0.09	0.05	0.48	0.53	0.48	0.41	0.14	0.03	−0.03	−0.08
s5	0.47	0.23	0.19	0.12	0.49	0.51	0.49	0.35	0.12	0.01	−0.03	−0.13
s6	0.31	0.16	0.12	0.08	0.44	0.48	0.41	0.40	0.15	0.03	−0.08	−0.18
s7	0.37	0.20	0.15	0.20	0.42	0.44	0.36	0.28	0.13	0.00	−0.07	−0.13
s8	0.40	0.13	0.13	0.20	0.44	0.53	0.40	0.30	0.07	0.04	−0.07	−0.10
s9	0.35	0.19	0.11	0.11	0.53	0.52	0.50	0.45	0.21	0.07	0.00	−0.09
s10	0.51	0.31	0.17	0.11	0.51	0.45	0.41	0.30	0.13	0.00	−0.07	−0.18
	kd1	kd2	kd3	kd4	Ke1	ke2	ke3	ke4				
s1	−0.43	−0.39	−0.43	−0.34	−0.16	−0.11	−0.16	−0.05				
s2	−0.19	−0.28	−0.36	−0.35	−0.11	−0.12	−0.06	−0.06				
s3	−0.22	−0.28	−0.33	−0.31	−0.36	−0.38	−0.42	−0.19				
s4	−0.26	−0.40	−0.48	−0.35	−0.25	−0.23	−0.23	−0.19				
s5	−0.35	−0.46	−0.49	−0.35	−0.27	−0.12	−0.13	−0.06				
s6	−0.30	−0.30	−0.32	−0.32	−0.32	−0.28	−0.33	−0.21				
s7	−0.29	−0.29	−0.41	−0.25	−0.30	−0.17	−0.16	−0.08				
s8	−0.33	−0.39	−0.44	−0.36	−0.21	−0.10	−0.05	0.00				
s9	−0.33	−0.48	−0.50	−0.42	−0.15	−0.11	−0.14	−0.15				
s10	−0.30	−0.29	−0.38	−0.32	−0.23	−0.07	0.00	0.07				

二、上部特征线的形态分析

本研究以因子分析法对轿车侧面上部特征线进行形态分析。运用上述数据，在 SPSS 统计分析软件中完成因子分析。分析结果中，变量共同度如表 6–3 所示。变量共同度表示各变量中所含原始信息能被提取的公因子所表示的程度。从表中所示的变量共同度可知：几乎所有变量共同度都在 80% 以上，因此提取出的这几个公因子对各变量的解释能力是较强的[④]。

表 6-3 变量共同度

Communalities

	Initial	Extraction
ka1	1.000	.951
ka2	1.000	.897
ka3	1.000	.894
ka4	1.000	.834
kb1	1.000	.924
kb2	1.000	.770
kb3	1.000	.924
kb4	1.000	.990
kc1	1.000	.921
kc2	1.000	.900
kc3	1.000	.885
kc4	1.000	.948
kd1	1.000	.869
kd2	1.000	.941
kd3	1.000	.917
kd4	1.000	.832
ke1	1.000	.948
ke2	1.000	.992
ke3	1.000	.976
ke4	1.000	.960

Extraction Method: Principal Component Analysis.

五个公因子累积方差贡献率达到 91.36%，如表 6-4 所示。碎石坡图如图 6-2 所示。在因子载荷矩阵（表 6-5）中，变量与某一因子的联系系数绝对值越大，则该因子与变量关系越近。因子载荷也可作为因子贡献大小的量度，其绝对值越大，贡献也就越大。

表 6-4 累积解释的方差

Total Variance Explained

Component	Initial Eigenvalues			Extraction Sums of Squared Loadings			Rotation Sums of Squared Loadings		
	Total	% of Variance	Cumulative %	Total	% of Variance	Cumulative %	Total	% of Variance	Cumulative %
1	6.238	31.191	31.191	6.238	31.191	31.191	4.646	23.228	23.228
2	4.927	24.636	55.827	4.927	24.636	55.827	3.845	19.227	42.455
3	3.209	16.047	71.874	3.209	16.047	71.874	3.817	19.085	61.540
4	2.729	13.645	85.519	2.729	13.645	85.519	3.618	18.092	79.632
5	1.168	5.842	91.361	1.168	5.842	91.361	2.346	11.730	91.361
6	.739	3.696	95.057						
7	.412	2.058	97.114						
8	.343	1.714	98.828						
9	.234	1.172	100.000						
10	6.156E–16	3.078E–15	100.000						
11	3.400E–16	1.700E–15	100.000						
12	2.607E–16	1.303E–15	100.000						
13	1.930E–16	9.651E–16	100.000						
14	1.171E–16	5.854E–16	100.000						
15	4.761E–17	2.380E–16	100.000						
16	–6.625E–17	–3.312E–16	100.000						
17	–1.123E–16	–5.617E–16	100.000						
18	–1.727E–16	–8.634E–16	100.000						
19	–2.483E–16	–1.242E–15	100.000						
20	–5.732E–16	–2.866E–15	100.000						

Extraction Method: Principal Component Analysis.

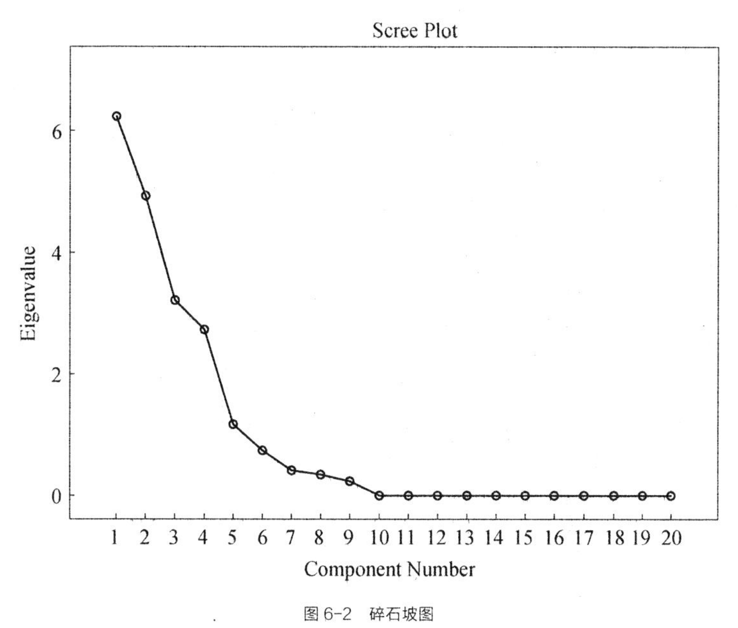

图 6-2　碎石坡图

表 6-5　方差最大化旋转后的因子载荷矩阵

Rotated Component Matrix[a]

	Component				
	1	**2**	**3**	**4**	**5**
ka1	.033	−.012	−.156	**.962**	−.011
ka2	−.100	.056	.021	**.908**	−.243
ka3	.096	.057	−.107	**.928**	−.098
ka4	.373	**.777**	.044	.270	.128
kb1	−.046	**−.882**	.129	.356	.038
kb2	−.387	−.568	.116	.073	.528
kb3	−.085	−.743	.495	.000	.346
kb4	−.713	−.557	.403	−.051	.086
kc1	−.673	−.176	.335	.558	−.114
kc2	−.087	.090	**.920**	−.180	.066

（续表）

	Component				
	1	**2**	**3**	**4**	**5**
kc3	–.021	–.090	**.864**	.151	.328
kc4	–.185	.306	.453	–.146	.770
kd1	–.419	.752	.232	.245	–.122
kd2	–.172	.532	–.263	.329	–.672
kd3	–.337	.335	–.183	.334	–.739
kd4	–.092	.370	–.737	.182	–.334
ke1	.573	–.099	.778	–.074	–.005
ke2	**.948**	–.115	.247	–.116	.067
ke3	**.955**	.116	.216	–.049	.041
ke4	**.927**	.031	–.135	.280	–.060

Extraction Method: Principal Component Analysis.
Rotation Method: Varimax with Kaiser Normalization.
a. Rotation converged in 7 iterations.

因子载荷矩阵中，因子载荷的正值代表正相关，负值代表负相关。不论正值与负值，载荷绝对值越大，代表与该因子有较大的相关性。在一个因子轴上的载荷值较大，同时在另外四个因子轴上的载荷值相对都较小时，此时反映出更明确的关系。

观察因子载荷矩阵，可以看到：ka1、ka2、ka3 与第四公因子的关系较强且很明确，ka4、kb1 与第二公因子的关系较强且明确，kc2、kc3 与第三公因子的关系较强且很明确，ke2、ke3、ke4 与第一公因子的关系较强且很明确。

三、上部特征线形态因子与因子水平

这里，20 个斜率值实质上是具体地反映造型特征线中 20 个小线段的走势。当把 ka1、ka2、ka3、ka4、kb1，kc2、kc3，以及 ke2、ke3、ke4 等 10 个小段在上部特征线上突出地表达出来（图 6–3）时，可以看到它们对应的是如下区域：线段 a 的前四分之三部分（即发动机罩轮廓线的前三个小段）、线段 a 的后四分之一部分与线段 b 的前四分之一部分（即线段 a 与线段 b 的转接处）、线段 c 的中间四分之二部分（即车身顶部轮廓线的中间两个小段）、线段 e 的后四分之三部分（即行李箱盖轮廓线的后三个小段）。

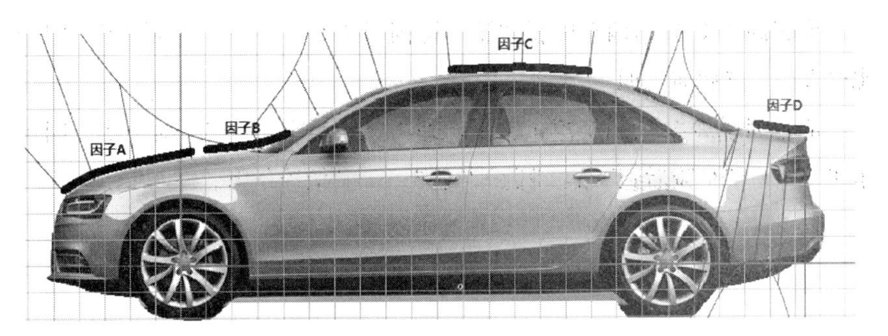

图 6-3 上部特征线上突出表示的 10 个小段（四个形态因子）示意图

由此，可以对轿车侧面造型的上部特征线做出这样的形态分析结论：上部特征线由四个形态因子构成，即形态因子 A——发动机罩前、中段，形态因子 B——发动机罩末端（与前风窗的转接处），形态因子 C——车身顶部中段，形态因子 D——行李箱盖中、后段。如图 6–3 所示。

通过观察全部 103 款侧面造型以及 10 款代表性侧面造型，可以继续进行形态分析，以确定上述 4 个形态因子各自的因子水平（图 6–4）：

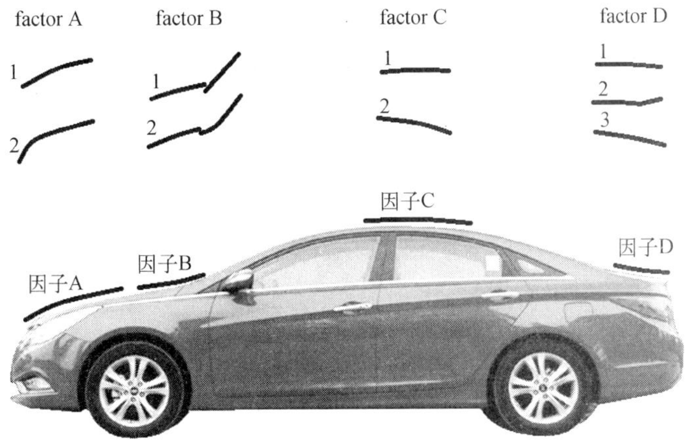

图 6–4 四个形态因子、九个因子水平

形态因子A分为两个因子水平，即因子水平1——“平缓”形、因子水平2——“弧曲”形。

形态因子B分为两个因子水平，即因子水平1——“尖点”转接形、因子水平2——“圆弧”转接形。

形态因子C分为两个因子水平，即因子水平1——“平顶”形、因子水平2——“后溜”形。

形态因子D分为三个因子水平，即因子水平1——“平盖”形、因子水平2——“平盖后翘”形、因子水平3——“溜盖”形。

第三节　设计参考模型

一、正交试验设计方案的确定

依据所确定的形态因子及其因子水平，在 SPSS 统计分析软件中生成试验设计方案，如图 6–5 所示。

	发动机罩前段	发动机罩末段	顶部中段	行李箱盖中后段	STATUS_	CARD_	var	var
1	2.00	1.00	2.00	1.00	0	1		
2	1.00	2.00	1.00	1.00	0	2		
3	2.00	2.00	2.00	1.00	0	3		
4	2.00	1.00	1.00	2.00	0	4		
5	1.00	1.00	1.00	1.00	0	5		
6	1.00	2.00	2.00	2.00	0	6		
7	2.00	2.00	1.00	3.00	0	7		
8	1.00	1.00	2.00	3.00	0	8		
9								
10								
11								
12								

图 6–5　试验设计方案

二、对应于正交试验设计方案的样品选取

在正交试验方案确定后，接下来在全部 103 个样品中筛选与这 8 个正交试验设计方案相吻合的侧面造型车款。

本研究中，有 7 个正交试验设计方案在 103 款实际侧面造型中直接

找到了对应方案，此外，对一个实际造型进行一处修改后，满足了余下的1个正交试验设计方案。最终与8个正交试验设计方案对应的侧面造型如图6–6所示，其中，有三款造型同时也是前面所述的代表性造型。

图6–6　与八个正交试验设计方案对应的侧面造型（注释：第七款在一个因子水平上做了修改）

三、语义评价实验

（一）正交试验设计方案造型的预处理

为了排除上部特征线之外、侧面造型的其他构成要素在主视图方向上对被试造型评判的可能影响，对正交试验设计方案图片进行了处理：仅使用线条勾勒出侧面造型的总体造型和车轮形状，同时，用粗线条表达上部特征线。处理完成后的8款正交试验设计方案，如图6–7所示。

（二）问卷设计与语义评价实验

本研究中，此阶段借助外部的网络调研平台“问卷星”网站（www.sojump.com），进行问卷设计，并由受邀的被试登陆相应网址链接，进行语义评价（图6–8）、网上提交数据。被试提交的数据，可在网上查看、下载（图6–9）。此阶段共收回有效问卷25份。

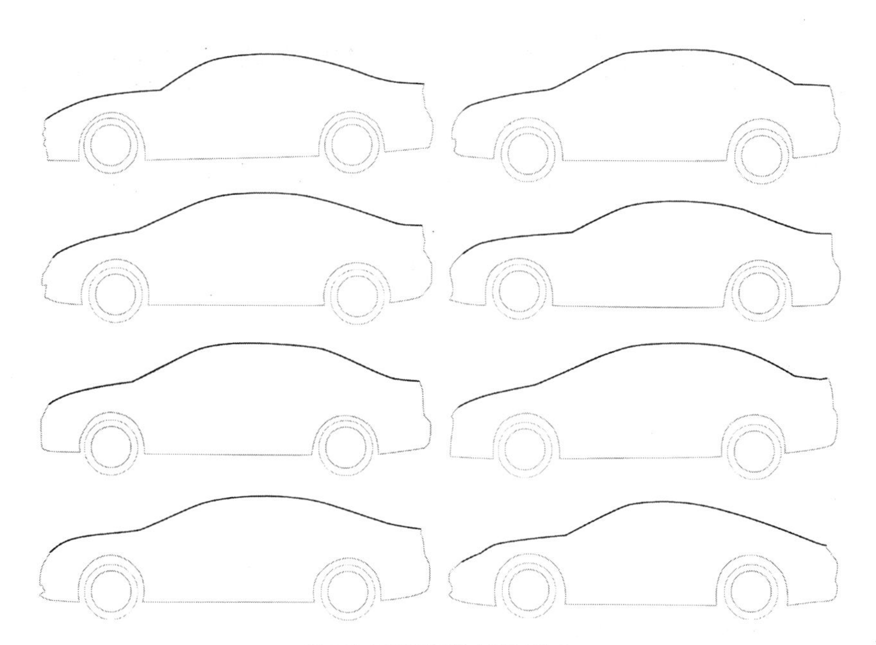

图 6-7　对侧面造型的表达进行处理

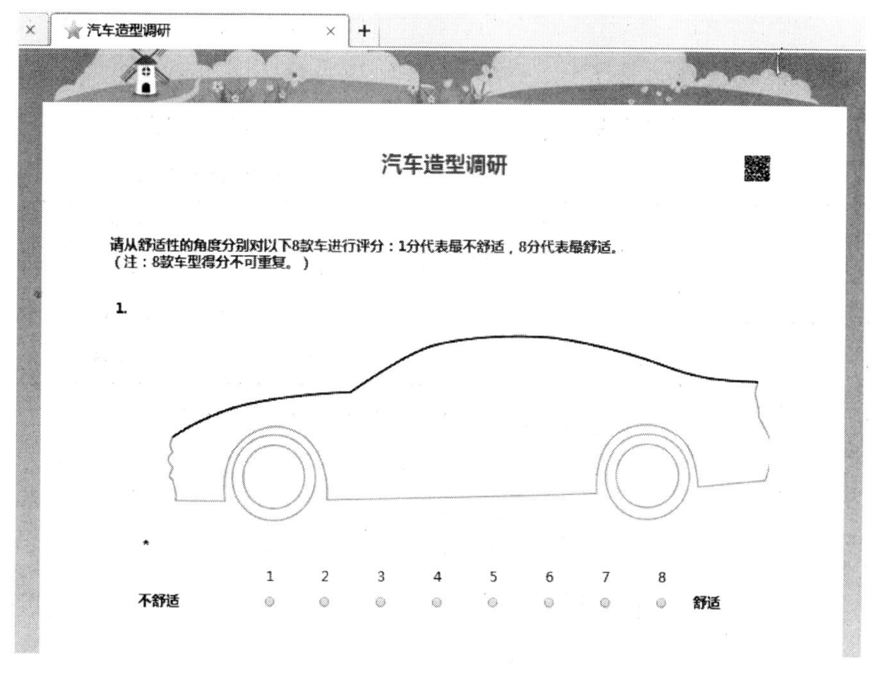

图 6-8　语义评价问卷设计界面示例

图 6-9 数据查看、下载等操作的界面示例

四、设计参考模型的建立

对调研所得数据进行联合分析。在分析所得的结果中，因子水平的效用值如表 6-6 所示，因子的重要程度如表 6-7 所示。

表 6-6 因子水平的效用值

Utilities

		Utility Estimate	Std. Error
A	平缓	.575	.249
	弧曲	–.575	.249
B	尖点	–.300	.249
	圆弧	.300	.249
C	平顶	.075	.249
	后溜	–.075	.249
D	平盖	–.333	.332
	平盖后翘	.067	.389
	溜盖	.267	.389
(Constant)		4.583	.262

表 6-7 形态因子的重要性

Importance Values

A	30.667
B	20.139
C	17.239
D	31.955

Averaged Importance Score

从造型形态因子的重要程度可以看到：从对侧面造型的“舒适”感受的影响而言，行李箱盖中后部轮廓线（因子D）最重要，另一个较为重要的是发动机罩前中部轮廓线（因子A）。其他依次是发动机罩末端与前风窗连接处（因子B）、车身顶部中段（因子C），但这两个形态因子的重要性比前两个因子的重要性明显小得多。

从造型形态因子水平的效用值可以看到：因子A取“平缓”的因子水平、因子B取“圆弧”的因子水平、因子C取“平顶”的因子水平、因子D取“溜盖”的因子水平时，将增加整个侧面造型的“舒适”感。

侧面造型上反映这四个主要设计特征，就是“舒适”感较高的侧面造型设计参考模型，为具体方案设计提供指导性方向。依照这一方向开发侧面造型（上部特征线），获得消费者“舒适”评价的可能性更大。

本章注释：

① 万晓亮、张国方、徐承超、王晋、刘建等参与完成本研究中调研与数据提取工作.

② 黄定.基于视知觉形式动力理论的轿车车身侧面造型研究［D］.上海：上海交通大学，2015.

③ 同②。

④ 张文彤 主编.SPSS统计分析高级教程［M］.北京：高等教育出版社，2004. pp221.

第 七 章

商用飞机驾驶舱创新与设计策略

第一节　概　述

一、商用飞机及其前景

目前关于“商用飞机”的概念，还没有明确的定义。从航空业的用途性质上可以分为军事航空与民用航空，相对应的航空器应分别属于军用航空器与民用航空器。商用飞机主要应用于民用航空领域，而民用航空可以分为“商业航空”与“通用航空”两大组成部分。商业航空是指以航空器进行经营性客、货运输的航空活动。

阿尔特菲尔德指出：“商用飞机研发是指研发出的新飞机主要是要在商业环境下进行人员和货物的运输，而且在这种环境下，研发工作也是以商业方式进行管理的[①]。”由此商用飞机在此可以简单定义为：以商业方式开发并以商业方式销售的飞机。本研究中商用飞机研究对象是：商业航空范围的支线、干线飞机及通用航空中的公务机及有客舱的私人飞机，包括客运飞机及与之相关的货运飞机。

目前世界上有十多家较为有影响力的商用飞机制造商，其中美国波音公司（以下简称波音）与欧洲空中客车公司（以下简称空客）是世界两大干线客机制造公司，这两家公司的飞机驾驶舱设计对其他生产商有着深远影响。此外还有加拿大的庞巴迪宇航公司（以下简称庞巴迪）、巴西航空工业公司（以下简称巴航工业）等十余家大型的支线客机及通用飞机制造商。此外，中国、俄罗斯等国家都在研发新的干线及支线客机。

我国“十二五”发展规划纲要指出：“按照安全、经济、舒适和环保的要求，研制具有国际竞争力的150座级C919单通道干线飞机。推进ARJ21支线飞机的规模化生产和系列化发展，支持新舟系列支线飞机改进改型，研制新型支线飞机，发展大中型喷气公务机和新型通用飞机（含直升机）[②]”。

我国商业航空需求的市场容量十分可观，而通用航空也将迎来高速发展阶段。2014年，波音公司预测中国在未来的20年中需要6020架新飞机，占到全球市场总量的16.4%及亚太区需求总量的近45%，预计总价值将达到8 700亿美元。中国未来20年对窄体客机（90—230座级）的需求将占主体，需求总量为价值4 300亿美元的4 340架；对中小型宽体机的需求为780架，价值2 000亿美元，300—400座级的中型宽体机需求为640架，价值2 100亿美元[③]。

在国家政策和市场需求的共同促进下，我国的航空市场将有望逐步发展成为全球领先的市场，巨大的需求将促使我国的航空制造企业研发各类飞机。其中大型商用飞机将是引领中国航空业发展的旗帜，而驾驶舱作为大型飞机的指挥中枢，其重要性也将随着航空市场的发展而逐步引起重视。

二、驾驶舱设计的重要性

首先，飞机不仅是一件产品，更是一个由450多万个零件、219千米的导线等组成的系统。驾驶舱作为这个复杂系统的控制中枢，不仅关系到驾驶舱本身部件及系统的运作，更对庞大的机体系统有直接影响。

除了飞机本身的系统，人为因素也是驾驶舱设计中的难点和重点。根据权威统计，从1950年以来约有60%—70%的飞机事故是由人为因素导致的[④]。各大飞机设计公司对于驾驶舱的设计都是十分慎重，各个模块的适航认证也十分严格。这导致一个情况，即对于驾驶舱的造型而言，过多的技术层面约束，会限制设计师对其造型的自由发挥，使其在舒适度、美观度等指标上降低标准。但商用飞机要在国际市场上进行完全的市场竞争，除了要有先进技术并控制成本外，各部分的造型设计及其传递出的品牌形象也是至关重要的。

其次，驾驶舱作为飞行员的主要工作区域，其造型设计除了需满足操控功能需求之外，还体现出飞机制造商品牌特征、工业设计水平、交互技术研究等多方面的整合能力。驾驶舱设计不能单纯归结为技术设计问题，而涉及认知心理学、人机工程学、造型美学等工业设计问题。对于新兴制造商，既需要深入研究现有成熟机型的设计风格，又不能模仿或者抄袭竞争厂家的产品，因此只能在广泛研究现有案例的基础上，发展出独有的造型风格。

三、商用飞机驾驶舱设计现状

早在1946年，沃尔特·提格的设计公司就开始参与波音707飞机的内饰造型设计⑤。工业设计大师罗维也曾参与过波音707飞机外部涂装设计。美国宇航局（NASA）的Langley研究中心最早提出了“以人为本的驾驶舱设计”的理念，并曾发起活动从白板开始（即没有现有设计约束）设计一个以人为中心的飞机驾驶舱⑥。在1992年和1993年，波音777飞机的客舱内饰设计与驾驶舱设计分别获得了美国IDEA奖⑦。2009年首飞的波音787飞机推出了流线型、整体化驾驶舱。

空客公司由英国、法国、德国与西班牙四个国家共同建立，其成立时间虽然相对较短，但欧洲的航空工业基础却十分雄厚。因此空客的成立并非像中国民机工业一样从零开始。空客成立之时，中国也开始研发民用飞机，并成功制造了一架伟大的飞机“运十”，但后来由于种种原因，“运十”并没有发展下去，而空客今天已成为国际两大航空工业巨头之一。空客的成立更多的是整合欧洲分散的航空工业研制单位，集中力量推出可以与美国波音公司、道格拉斯公司（已并入波音）相竞争的产品，因此其驾驶舱设计具备创新的条件与动力。

空客率先采用了侧杆代替沿用了几十年的中央操纵杆，并且用电传操控代替了机械操控，减少了驾驶舱内部的元器件，提高了自动化率，简化了操作流程，减轻了驾驶员的认知负担[⑧]。2014 年 6 月空客在美国申请了一项专利，提出了未来基于实时显示技术与交互技术的无窗驾驶舱（图 7–1），该驾驶舱可以不需设计在飞机前方，而是可以在飞机的任何区域。

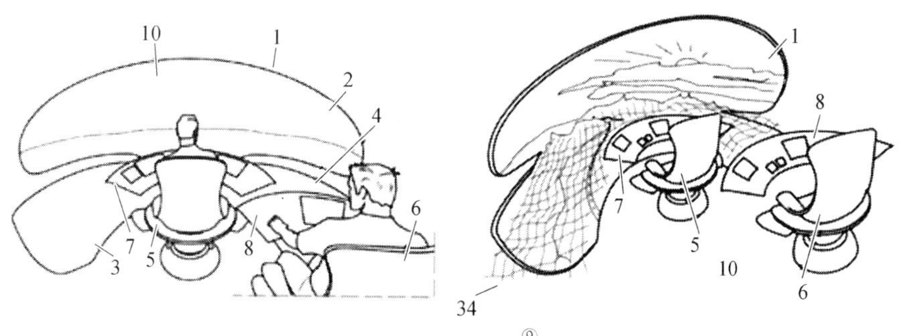

图 7–1　空客专利插图[⑨]

在波音和空客之外，国际上还有巴航工业、庞巴迪、达索飞机制造公司（以下简称达索）等商用飞机制造企业。在驾驶舱造型设计方面，这些企业既受到波音与空客的影响，又有其独特的品牌性的特征。达索航空的创始人马塞尔·达索曾经说过：漂亮的飞机飞得好（“For an aircraft to fly well, it must be beautiful”）[⑩]。这句话指出了造型设计在飞机设计中的重要性，不仅适用于飞机的外形，也适用于飞机内部的造型设计。自然达索公司十分重视飞机的外观及内饰的设计，其公务机在世界上十分畅销。

我国曾研发过大型客机“运十”，其驾驶舱造型基本仿造了波音 707[⑪]。但是，当前开发新机型时，如果完全仿造竞争对手的舱内造型设计，则根本无法参与国际市场竞争。中国的大飞机制造项目已被列为国家重大科技专项。目前的商用飞机项目主要有：中航工业（AVIC）推出的新舟 60 及其改进型新舟 600，中国商飞（COMAC）正在研发的 ARJ–21、C919 以及于 2015 年开工的新型宽体客机[⑫]。中国商飞现有两款机型的驾驶舱设计已经趋于成熟，但造型特色及品牌定位等方面仍有提升的空间，例如 ARJ 采用的是中央操纵杆操控，C919 采用的是侧杆操控，且两种机型目前在造型设计风格上还没有形成延续性。中国商飞已经意识到了工业设计对于商用飞机的重要性，在 2013 年成立了专门的工业设计部门，介入客舱内饰设计、机体外饰涂装设计。

第二节　代表性驾驶舱的选取

一、驾驶舱图片搜集与整理

驾驶舱造型案例的搜集过程主要以互联网为媒介，首先确认目前现役的主要商用飞机型号，然后确认这些型号的飞机分别属于哪家厂商，最后根据厂商发布的信息，找到可靠的驾驶舱造型图片。

目前世界上共有数百款处于运营的商用飞机。本研究中范围有所缩减，根据图片收集的情况，最终确定了 12 家公司的 66 款机型作为研究对象。对收集到的所有图片进行命名，并按照厂家分门别类。

与驾驶舱设计风格最为密切的是客舱的设计，但有趣的是，通过对 66 款机型的研究发现，客舱的工业设计水平要远远高于驾驶舱。这一点在公务机上表现还不太明显，因为公务机面向私人用户，注重各个细节的设计。但民航客机就有所不同，在很多机型上可以明显地看到非常现代豪华的客舱与十分简陋单调的驾驶舱同处一架飞机的情况。客舱设计对适航的要求相对较低，主要考虑是环境艺术设计，已经有较高水平。

上述 66 款驾驶舱造型所对应的具体机型详见表 7-1 所示。

表 7-1　66 款驾驶舱所属机型型号及在本研究中的编号（V0—V65）

波音（美国）Boeing	V1	V2	V3	V4	V5	V6	V7	V8	V9	V35
	Boeing 707	Boeing 717	Boeing 727	Boeing 737	Boeing 747-8	Boeing 757	Boeing 767	Boeing 777	Boeing 787	MD 83
空中客车	V11	V12	V13	V14	V15	V16	V17	V18	V19	

（续表）

（欧洲）Airbus	A300	A300-600ST	A318	A320	A330	A340	A350	A380	ACJ 318	
达索（法国）Dassault Aviation	V53	V40	V39	V38						
	Falcon 900	Falcon 2000	Falcon 2000LX	Falcon 7X						
豪客比奇（美国）Hawker Beechcraft	V43	V44	V45							
	Hawker 750-2	Hawker 800XP	Hawker 4000							
庞巴迪（加拿大）Bombardier	V24	V46	V54	V47	V48	V51	V52	V57	V58	V59
	CRJ 900	Global 5000	Global 7000	Global 8000	Global XRS	Learjet 45XR	Learjet 60XR	Challenger 300	Challenger 605	Challenger 850
巴航工业（巴西）Embraer	V10	V25	V31	V26	V27	V32	V34	V33	V41	V42
	135BJ	EMB 120	ERJ 135	ERJ 170	ERJ 190	Legacy 500	Legacy 500	Legacy 650	Phenom 100	Phenom 300
湾流（美国）Gulfstream Aerospace	V28	V29	V30	V62	V63					
	G150	G200	G280	G450	G550					
塞斯纳（美国）Cessna	V22	V23	V49	V50	V55					
	C650	C400	Citation XLS	Citation 10	CJ1					
联合飞机制造（俄罗斯）OAK	V56	V60	V61	V0						
	Superjet 100	TU 154	TU 204	Il-76						
安东诺夫（乌克兰）Antonov Airlines	V36	V37								
	AN 124	AN 225								
中航工业（中国）AVIC	V64	V65								
	MA 60	MA 600								
中国商飞（中国）COMAC	V20	V21								
	ARJ21	C919								

在驾驶舱造型图片搜集完成之后，运用软件工具对图片进行预处理。首先通过调整画面的色彩饱和度，将色彩影响降低。考虑到保留一定的真实性，没有将图片完全调整成黑白色。然后，去除图片上多余的视觉干扰因素，如窗外景物等。此外，使图片尽量保持相似的角度和亮度。图片处理的一个例子，如图 7–2 所示。

图 7–2　图片处理前（左）、后（右）对比的一个示例

二、驾驶舱分组任务实验

大部分普通消费者没有机会进入到驾驶舱参观。而作为被试，驾驶舱的使用者（即飞行员）又难于大量寻找。因此进行了折衷，选取了对造型设计或驾驶舱有一定了解的人员 30 名为被试，包括高校的设计等专业的在校学生、飞机内饰设计人员、退役空乘人员等。请被试从整体造型考量整个驾驶舱，依据驾驶舱造型的相似性程度来进行分组。

分组任务实验过程中，被试仍然在本研究团队开发的分组任务程序工具界面上，完成驾驶舱造型相似性的判断及分组任务。生成的数据结果保存在本地电脑上。图 7–3 表示了被试使用该程序工具进行分组任务的一个步骤的情形。

三、数据分析

由于可供研究的现役飞机机型数量较大，而源自同一家公司或同一系列的机型，本身即有着明显的相似性。如巴航工业的莱格赛系列飞机，其驾驶舱造型的相似性很高，可以作为一类进行造型研究，只需要挑选出代表机型即可。本研究中采用聚类分析与多维尺度分析相结合的方法，挑选出具有代

图 7-3　分组任务的一个步骤的程序工具界面

表性的驾驶舱，确保这些样品可以代表绝大多数机型驾驶舱的造型特征。

进行聚类分析后，最终将 66 款驾驶舱分为 14 组。

从 14 组驾驶舱造型中，挑出了 14 款具有代表性的机型驾驶舱，它们可以被认为是彼此之间最不相似，即最有特点的案例。但是，有特点并不代表先进，比如有的案例被挑选，更多可能是由于其密集排布的旧式仪表，虽然其造型与众不同、十分有特点，但明显不是本研究希望进行深入研究的理想对象。

因此，进一步借助多维尺度分析，对代表性案例进行判断与再次筛选。得到 66 款驾驶舱在被试认知中的分布图，如图 7–4 所示。

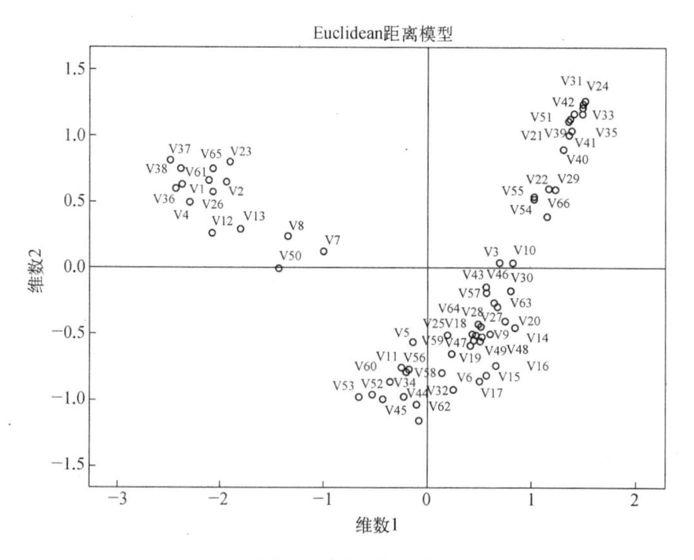

图 7-4　多维尺度分析结果

四、代表性驾驶舱的选取

综合地将聚类分析与多维尺度分析的结果作为依据，并兼顾品牌及设计特点多样性，最终挑选出 10 款代表性驾驶舱，用于后续研究。这 10 款驾驶舱涵盖八家商用飞机制造商，它们在多维尺度分析结果图中的位置如图 7-5 所示（图中还标示出了中国商飞 C919、ARJ21 驾驶舱的位置）。

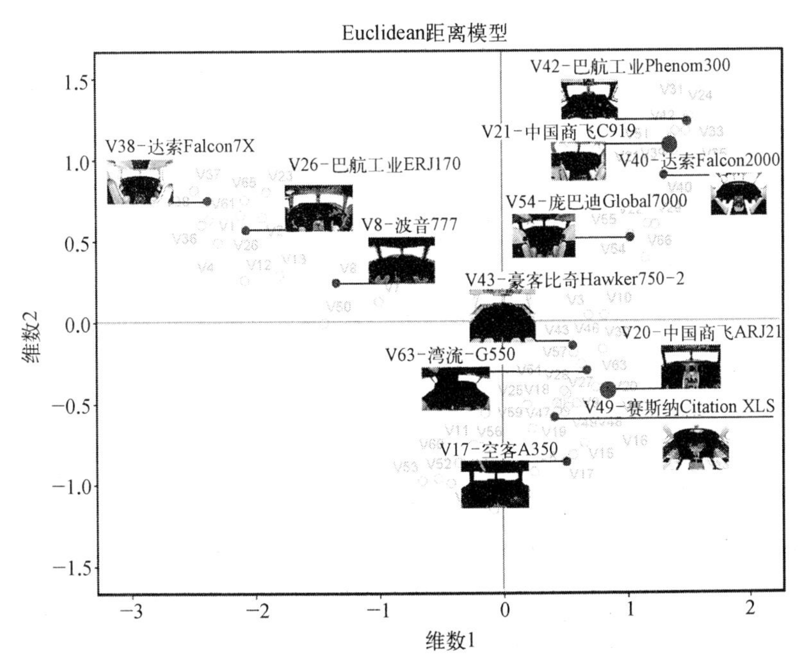

图 7-5 10 款代表性驾驶舱在多维尺度分析图中的位置

第三节　驾驶舱造型特征线提取与分析

一、驾驶舱造型特征线

商用飞机驾驶舱内饰型面均是复杂的自由曲面，但根据汽车造型方面的研究文献来看，即使是极为复杂的有机形态，其基本造型元素仍然可以简化归结为点、线、面等基本造型要素，其中，线具有承上启下的作用。线包含了可以联系点和面的重要的造型信息，对造型特征的表示中比点和面都更有优势[13]。

有研究人员提出了用特征线总结飞机驾驶舱设计特征的方法[14]。根据造型表征线位置和功能的不同，把飞机驾驶舱内饰造型的基本形态和造型结构分为顶控板（Overhead panel）、遮光罩（Glare shield panel）、仪表板（Instrument panel）、中央控制台（Central control stand）和侧操纵台（Sidewall control panel）五个部分。

在咨询航空专家后，本研究对部分名称进行了微调修改。鉴于操纵杆对驾驶舱的总体造型也比较重要，将操纵杆（Control stick）单独列出。这样，将驾驶舱总体造型进一步划分为 6 个主要部分，如图 7–6 所示。

上述研究人员还提出了驾驶舱造型特征线的提取机制。通过提取飞机驾驶舱内饰造型表征线，将其分类为主特征线、过渡特征线和附加特征线，建立基于特征和特征线的飞机驾驶舱内饰造型描述模型。如图 7–7 所示。

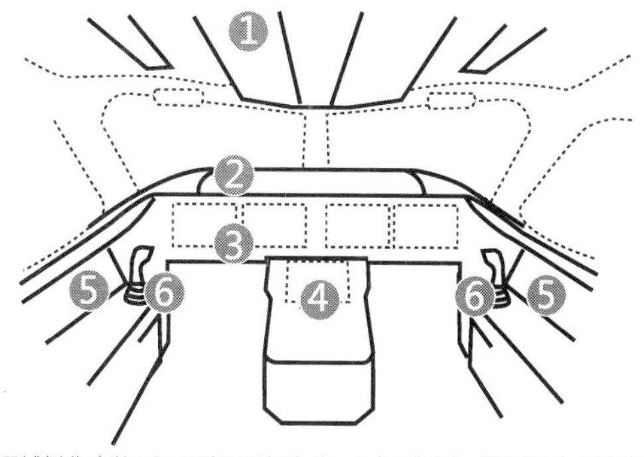

图 7-6　驾驶舱造型六大区域划分（以 C919 造型样机为例。1. 顶控板 2. 遮光罩 3. 仪表板 4. 中央控制台 5. 侧操纵台 6. 操纵杆）

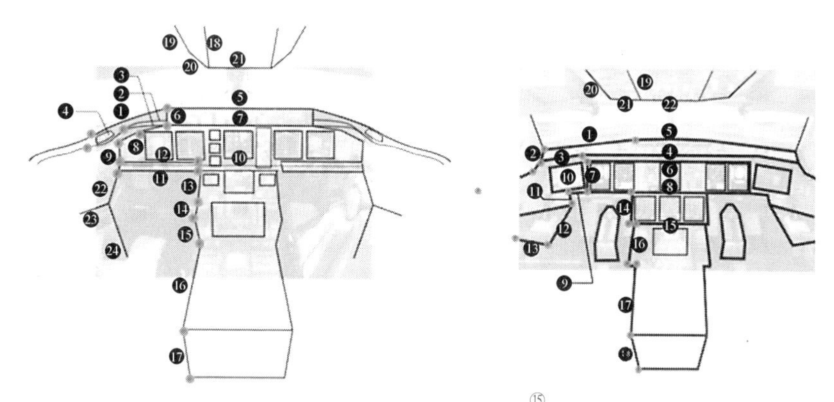

图 7-7　驾驶舱造型特征线提取[15]

二、代表性驾驶舱造型特征线的提取

本研究在进行驾驶舱特征线的提取时，首先是对原始图片进行描摹，用线条图来表现出驾驶舱空间。然后对全部线型进行重要程度排序，把从属线型删减，强化重要造型特征线的表达。最后修正透视角度，从而简练、概括地表达出核心设计特征线组成的形体轮廓。图 7-8 所示的是这一过程的一个例子。

特征线提取是把复杂的驾驶舱造型归纳为线条特征，以简明地表达不同机型的主要造型差异。在特征线的提取过程中，对通用性的部件（例如面板按钮等）进行简化处理，重点提取以遮光板为物理中心和视觉中心的六个部分的大轮廓特征线。所提取的轮廓特征线可以以最简练的形态概括

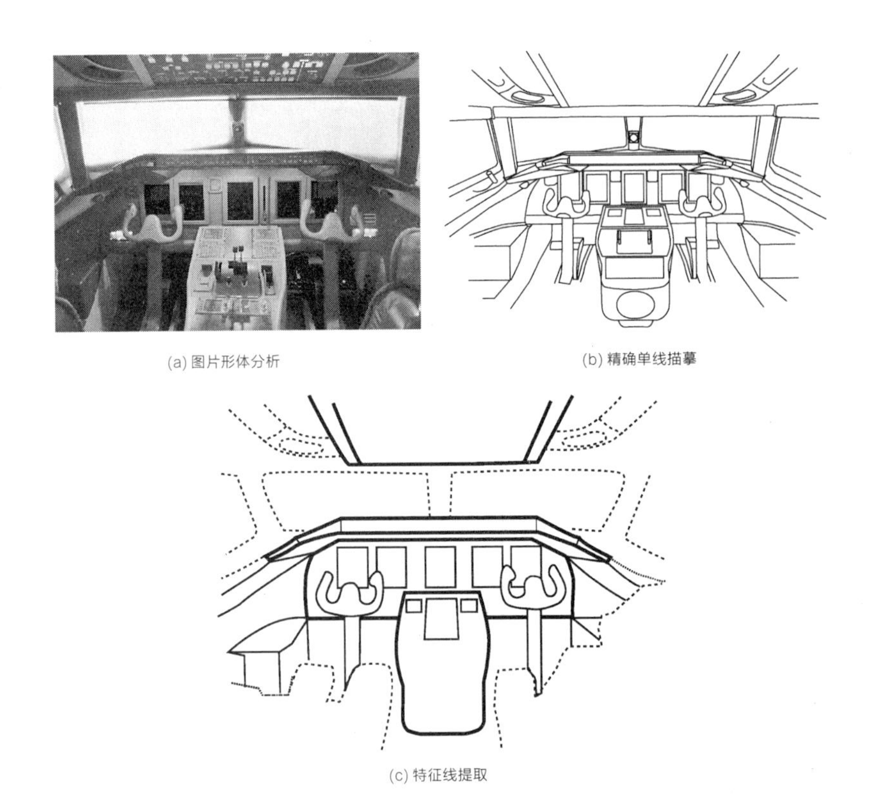

(a) 图片形体分析　(b) 精确单线描摹

(c) 特征线提取

图 7-8　代表性驾驶舱造型特征线的提取过程（以中国商飞 ARJ21 为例）

驾驶舱的整体造型及其风格，可以形成有效的案例参考库，辅助设计师从最简单的线条开始，构思整体驾驶舱的设计风格。

10 款代表性驾驶舱造型及其主要特征线提取的结果，分别见图 7-9 至图 7-18 所示。

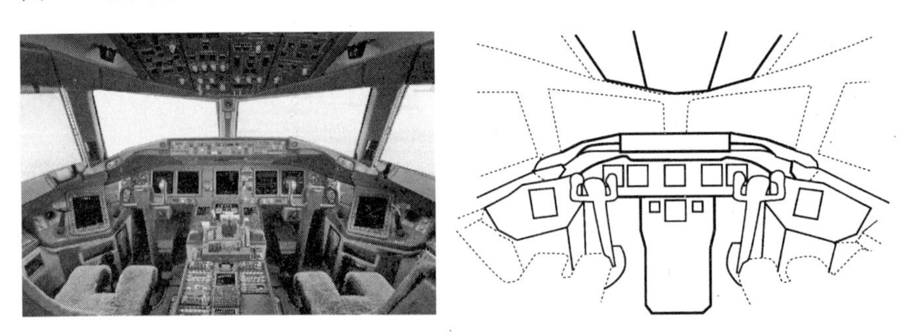

图 7-9　波音 777 的驾驶舱主要特征线提取

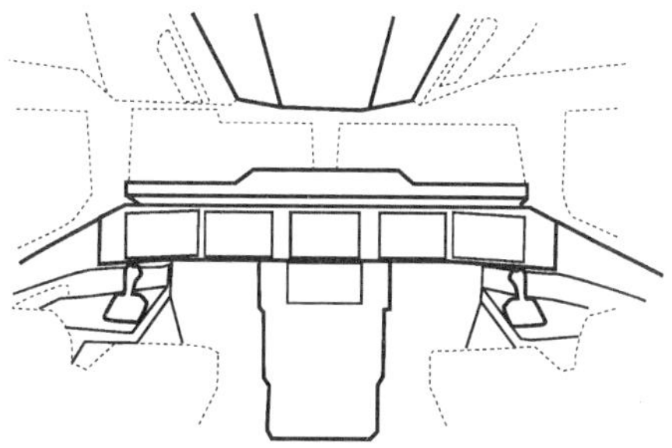

图 7-10　空客 A350 的驾驶舱主要特征线提取

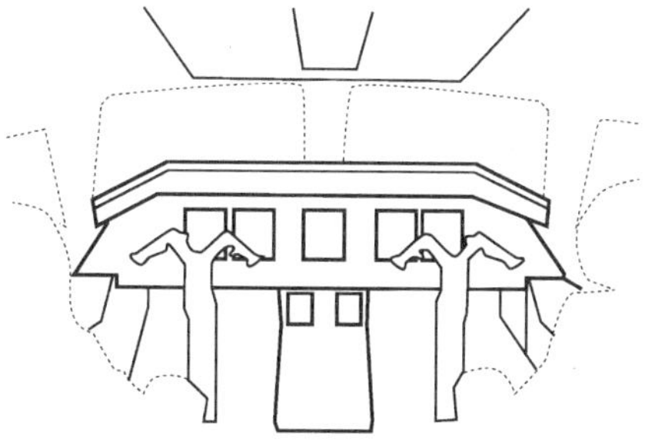

图 7-11　巴航工业 ERJ 170 的驾驶舱主要特征线提取

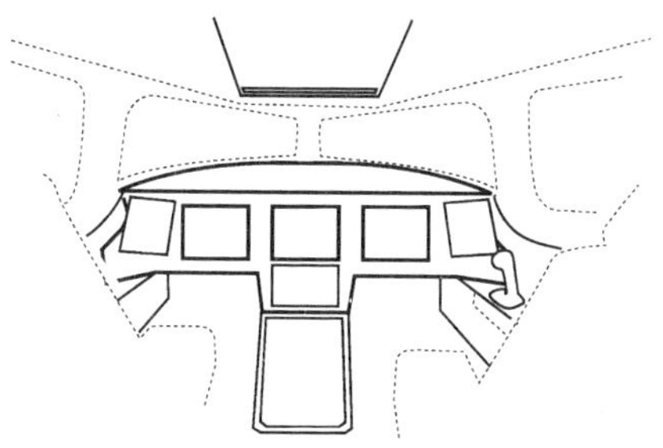

图 7-12　达索-猎鹰 7X 的驾驶舱主要特征线提取

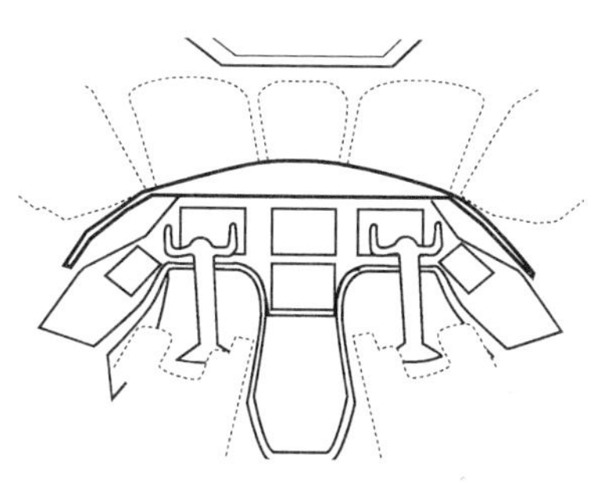

图 7-13　达索-猎鹰 2 000 的驾驶舱主要特征线提取

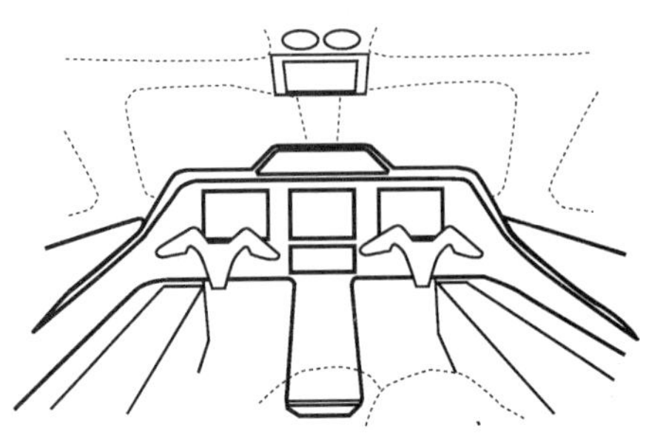

图 7-14　巴航工业-飞鸿 300 的驾驶舱主要特征线提取

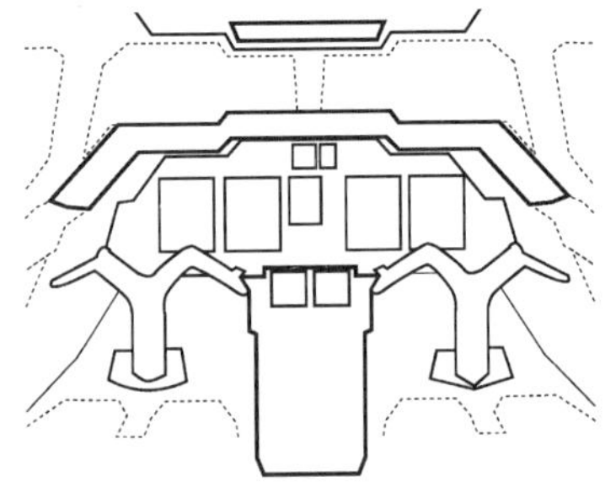

图 7-15　豪客比奇-豪客 750-2 的驾驶舱主要特征线提取

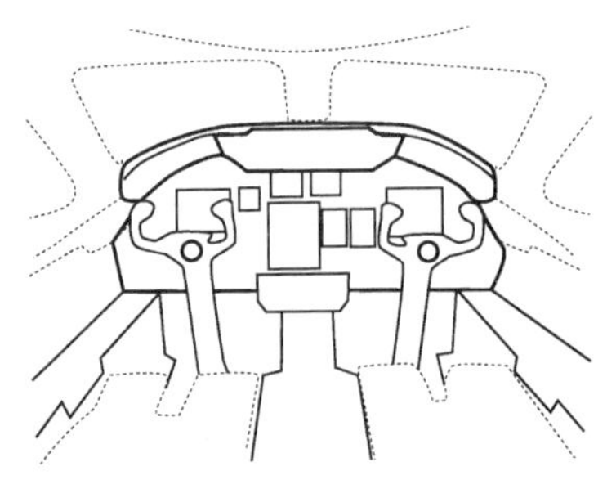

图 7-16　赛斯纳-奖状-XLS 的驾驶舱主要特征线提取

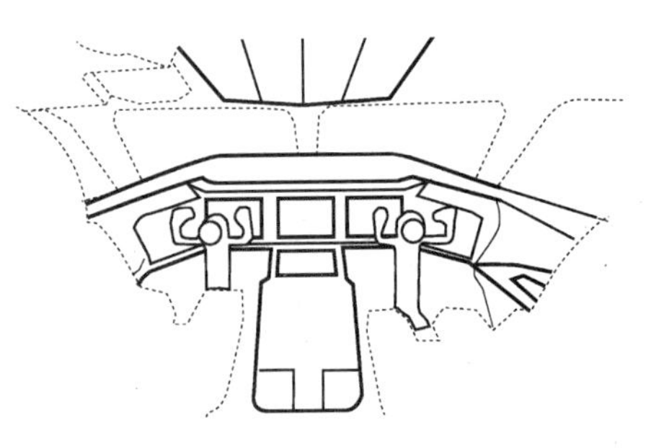

图 7-17　庞巴迪-环球 7000 的驾驶舱主要特征线提取

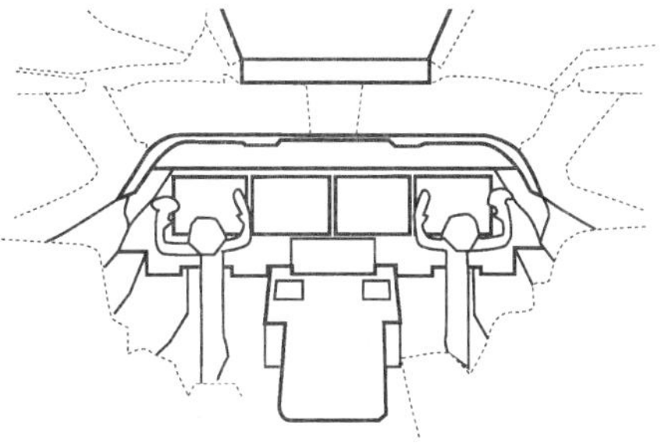

图 7-18 湾流-G550 的驾驶舱主要特征线提取

三、驾驶舱特征及其差异的定性分析

（一）驾驶舱特征分析

上述 10 款代表性驾驶舱的主要特征线图，放在一起对比，如图 7-19 所示。

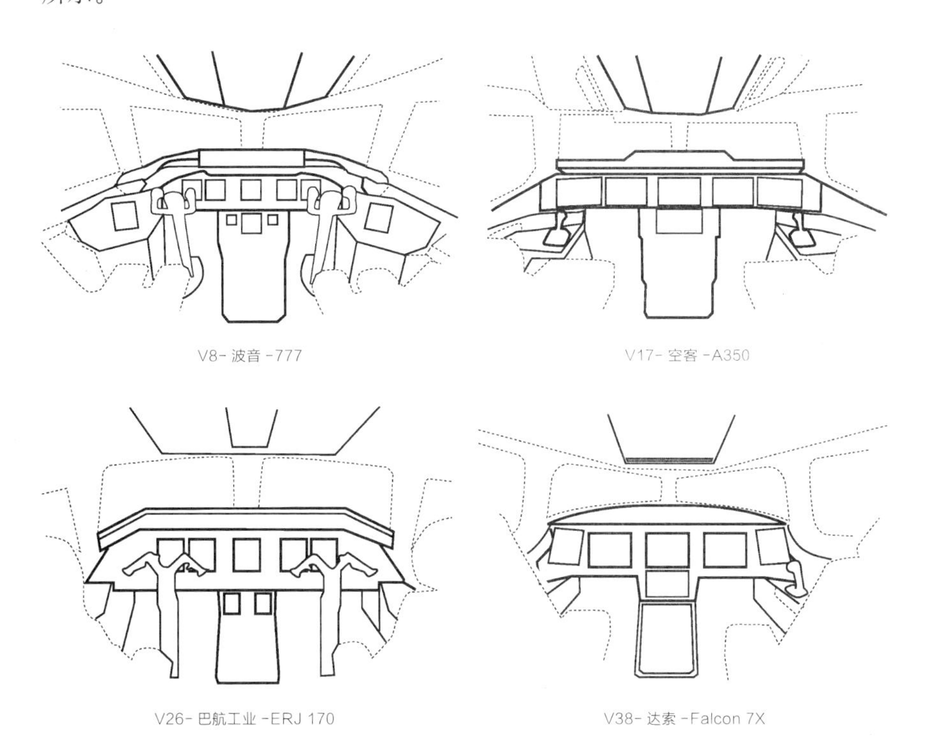

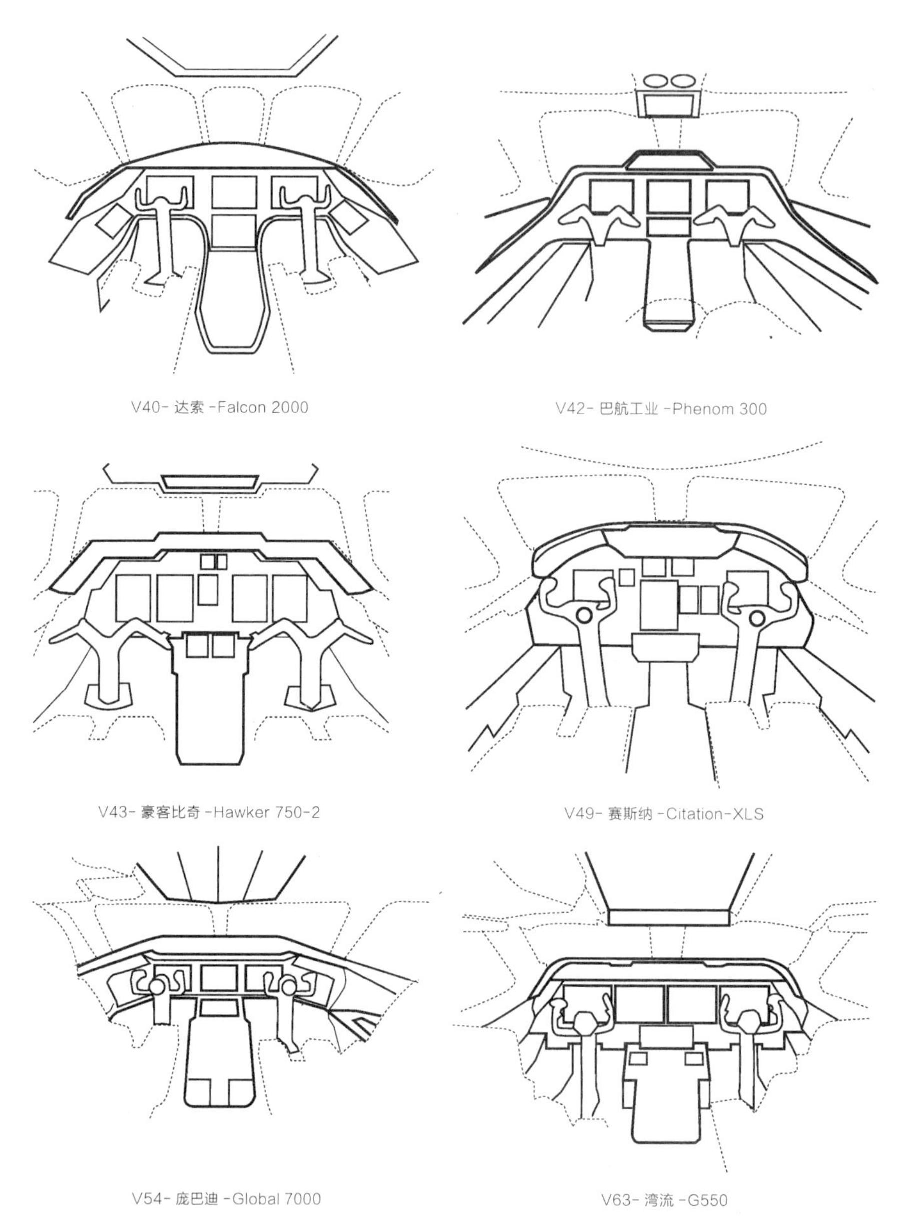

图 7-19　十款机型的特征线提取对比图

根据提取的特征线直观显示，并结合不同品牌的多种机型进行判断，观察到驾驶舱设计呈现较强的“大布局趋同，分部件差异”的特点。

① 大布局趋同：从 10 款代表性机型驾驶舱来看，所有案例均服从六个组成部分的划分方式，并且每个区域的使用功能类似。

② 分部件差异：从代表性驾驶室每个组成部件的造型对比来看，则差异性比较大，因此仅从单个部件的造型特征就基本可以分辨出不同机型的驾驶舱。

以操纵杆为例，可以分为侧杆操控方式与中央驾驶杆操控两种机型。

侧杆操控起于空客，目前渐渐流行开来，例如巴航工业最新推出的莱格赛（Legacy）500、达索的猎鹰（Falcon）7X、中国商飞研发的 C919 均采用侧杆操控。其优点是使腿部空间增大，不会阻挡视线，可达性更好，且在飞机受到撞击时能避免飞行员正面受伤。从特征线提取图来看，采用侧杆操控的机型，驾驶舱整体空间更加简洁，视觉负担明显降低。

目前多数机型仍然在使用中央操纵杆。中央操纵杆的优点是更符合驾驶操控认知习惯，并且正、副驾驶可以随时知道对方的操作从而避免误判。但是从造型上来看，中央操纵杆把驾驶舱空间进行了无序分割，破坏了视觉连续性，增加了认知负担。

部分厂商对操纵杆形态进行了改进，如赛斯纳的奖状野马（Citation Mustang）、巴航工业的飞鸿-300（Phenom-300）只保留了中央操纵杆相似的操控方式，取消了底座以增加腿部空间。类似的改进至少从空间划分的角度来看更加合理。

巴航工业作为最大的支线客机制造商，至少有三种不同造型风格的驾驶舱。庞巴迪也有两种以上驾驶舱风格。波音的驾驶舱造型风格变化较小，多种机型驾驶舱保持着类似的造型风格。空客的驾驶舱保持着较高的统一性。其余厂商以小型公务机为主，驾驶舱风格呈现出多样性。

（二）波音、空客驾驶舱特征线的差异分析

空客在 2003 年首次超越波音成为全球第一大客机制造商，并持续了 5 年。此后两家公司进入反复争夺第一的状态。从驾驶舱设计的角度而言，可以总结出两家公司不同的特点（它们也对运营等方面产生影响）。

空客各机型的驾驶舱造型多用简练的几何形与直线条。系列飞机保持

了高度的通用性，具有基本相同的驾驶舱布局，宽体飞机和单通道飞机可以由同一群飞行员驾驶，降低了航空公司的人员培训成本。空客新一代采用电传操纵系统的系列飞机保持了高度的通用性，空客的飞机具有基本相同的驾驶舱布局，并具有高度相似的飞行品质和飞行程序。飞行员可以同时执飞空客公司采用电传操纵系统的不同机型。混合机队飞行（Mixed Fleet Flying），宽体飞机和单通道飞机可以由同一群飞行员驾驶，这便于对机组人员进行排班。从 A330 飞机过渡到 A340 飞机的交叉机组认证培训只需 3 天，而从 A340 飞机到 A330 飞机则仅仅需要一天的时间。运营商只需要专注于对两种机型间少量的差异性进行培训。其他竞争机型的改装则需要 25 天的型别等级培训[16]。

波音机型的驾驶舱有较为复杂的结构和很多细小的体块，整体造型更偏有机形态，且 737 系列飞机驾驶舱空间略为窄小。但波音飞机相对风格多样，新机型会更新造型设计，并应用最新的设计形态语言。如波音 787 的驾驶舱，大量采用曲线、弧面等有机形态。

概括而言，空客驾驶舱设计特点表现为：简洁的几何形设计、高度的通用性、“后发优势”的应用。波音驾驶舱设计特点表现为：有机形态与流线风格、前瞻的设计、“以人为本”的理念。

（三）中国商飞 C919、ARJ21 驾驶舱特征线分析

中国曾有组装生产麦·道 MD–83 飞机的经验。同级别的 ARJ21 从操纵方式到屏幕显示均受到波音的影响。但是由于 ARJ21 的航电等设备已经大幅度升级，因此驾驶舱整体造型（参见图 7–8）也已经发展出了更具有现代感的风格：遮光板顶部平直，有利于飞行员参考地平线在飞行过程中配平；遮光板两侧倾斜，有利于起降时观测地面。

C919 驾驶舱（参见图 7–6）目前公开展示的是造型样机，正式量产机型驾驶舱还未公布，从目前造型风格来看，操纵方式已经区别于 ARJ21，开始使用侧杆操控，各部件造型偏简约几何形，细节部分采用圆角处理，在顶部的平视显示器 (HUD) 采用了流线型设计。从其总体造型来说，是较为平均的设计，没有明显的差异化特征，基本是较为成熟的布局。

第四节　语义评价实验

一、商用飞机内饰意象词的收集

通过网络搜集描述商用飞机内饰的意象词词汇，词性为形容词。收集过程为：首先大量搜集与飞机驾驶舱及客舱有关的网络内容，然后逐句排查，搜集到相关描述性的词汇。对搜集到的词汇进行筛查，删减掉部分不合适的词汇，保留核心词汇。

特别需要指出的是，由于飞机驾驶舱面对的不是一般消费者，航空公司在宣传时主要强调的是客舱的舒适性及先进性等方面，对驾驶舱提及甚少，意象词词汇量不够丰富。但这并非说明能够用来描述驾驶舱意象感受的词汇总数稀少，而是仅仅由于其受众有限导致的媒体关注较少而已。因此，本研究在筛选意象词时，特意加上了描述客舱的部分词汇，由于驾驶舱与客舱同属于飞机内饰的大范畴，只是各有侧重，因此描述客舱的词汇最为接近描述驾驶舱的词汇。此外，本研究倡导驾驶舱与客舱在造型设计的美观度上应得到同等对待——实际上，最新的波音 787 机型就展现了驾驶舱、客舱一体化设计的新探索——因此，在意象词词汇搜集过程中，加入了部分筛选过的描述客舱的词汇。下面的例子具体地说明了意象词筛选的过程。

① 意象词筛选过程例 1："里尔 70 的驾驶舱内配备佳明公司 G5000 航电套件和新一代的机舱管理系统 Vision Flight Deck，还拥有 4 个纯平显示器，这些先进的航电设备可帮助飞行员更加高效安全地操纵飞机[17]。"

在这段文字中，直接提取词汇“先进”作为意象词。航电设备作为驾驶舱中重要的部分，其意象词可以被用来描述人对驾驶舱的直观感受。

② 意象词筛选过程例 2：“奖状 CJ4 的航电仪表系统按公务机仪表的高端配置……从实质到外观都洋溢着现代化气息[18]。”

在该段文字中，提取描述整体感的词汇“现代化”。为与整体词汇格式保持一致，经过修正保留文字“现代”，默认意象词为“现代的”。虽更换了表述方式，但保留了“现代化”的实际意思。

经过类似的大量文本甄选工作之后，最终收集到了 88 个意象词。这些意象词只是在本研究力所能及的范围内收集到的，数量上并非具有完全的概况性，应该还会有其他更多的词汇可以应用在本领域。

具体地看，这 88 个意象词为：精密、领先、安静、全新、前瞻、先进、卓越、宽大、洁净、健康、平稳、顶尖、高效、舒适、私密、奢华、安稳、顺畅、可控、成熟、可靠、便捷、低噪、直观、享受、自由、精美、精准、贴心、尖端、宽敞、灵活、通用、满足、出色、环保、优越、前卫、怡人、休闲、美观、高端、大气、科幻、梦幻、复杂、凌乱、时尚、智能、简洁、柔和、平庸、亮堂、明亮、通透、温馨、通畅、开放、现代、清新、受控、简单、自主、高级、过硬、安全、独特、奢侈、开阔、方便、宁静、严格、宽松、共通、明快、迷人、亲切、震撼、舒展、创新、便利、流畅、沉稳、低调、深邃、雅致、尊贵、超凡。

对这些意象词进行了编号，如表 7–2 所示。

表 7–2 意象词对应的编号

V1	V2	V3	V4	V5	V6	V7	V8	V9	V10
精密	领先	安静	全新	前瞻	先进	卓越	宽大	洁净	健康
V11	V12	V13	V14	V15	V16	V17	V18	V19	V20
平稳	顶尖	高效	舒适	私密	奢华	安稳	顺畅	可控	成熟
v21	v22	v23	v24	v25	v26	v27	v28	v29	v30
可靠	便捷	低噪	直观	享受	自由	精美	精准	贴心	尖端
v31	v32	v33	v34	v35	v36	v37	v38	v39	v40
宽敞	灵活	通用	满足	出色	环保	优越	前卫	怡人	休闲

（续表）

v41	v42	v43	v44	v45	v46	v47	v48	v49	v50
美观	高端	大气	科幻	梦幻	复杂	凌乱	时尚	智能	简洁
v51	v52	v53	v54	v55	v56	v57	v58	v59	v60
柔和	平庸	亮堂	明亮	通透	温馨	通畅	开放	现代	清新
v61	v62	v63	v64	v65	v66	v67	v68	v69	v70
受控	简单	自在	高级	过硬	安全	独特	奢侈	开阔	方便
v71	v72	v73	v74	v75	v76	v77	v78	v79	v80
宁静	严格	宽松	共通	明快	迷人	亲切	震撼	舒展	创新
v81	v82	v83	v84	v85	v86	v87	v88		
便利	流畅	沉稳	低调	深邃	雅致	尊贵	超凡		

二、代表性意象词的选取

首先，同样采用本研究团队开发的意象词分组任务程序工具，邀请 30 名被试参与本次意象词分组任务实验（图 7–20、图 7–21）。实际得到有效的 29 份相似性矩阵数据。

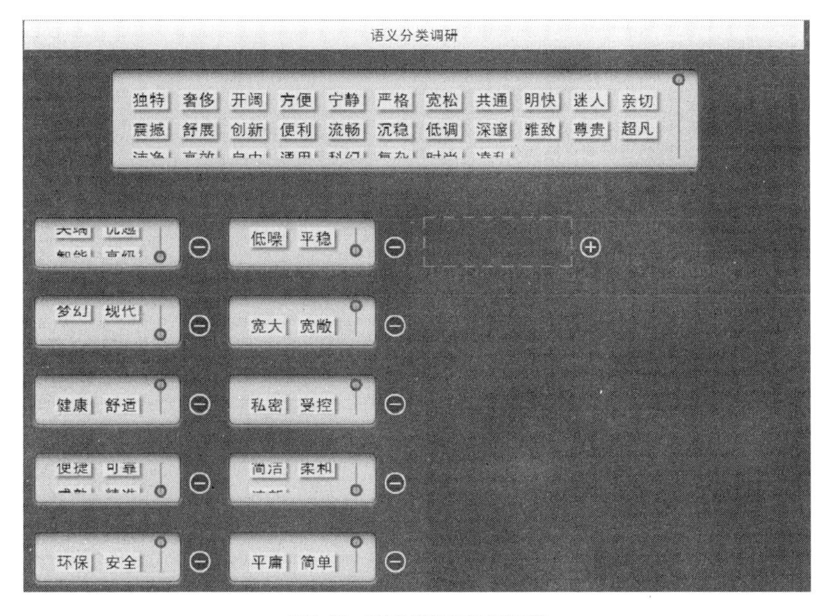

图 7-20　意象词分组任务实验示例

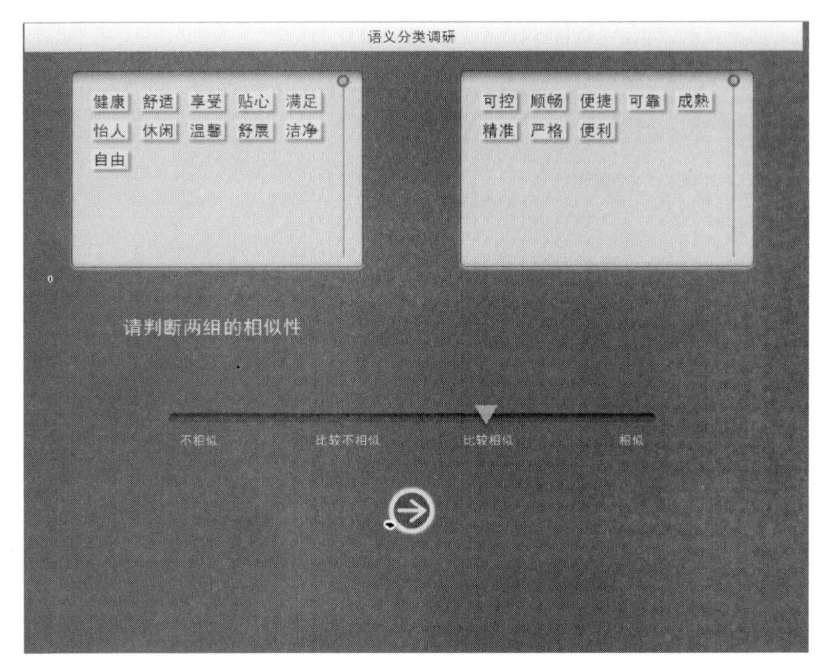

图 7-21 意象词分组任务实验中组间判断图例

然后，借助 SPSS 统计分析软件，进行聚类分析。分析结果中的树状图如图 7-22 所示。

最终，挑选出 9 个代表性意象词词汇，这 9 个词汇分别为：V55-通透、V48-时尚、V88-超凡、V87-尊贵、V76-迷人、V52-平庸、V60-清新、V79-舒展、V61-受控。V52-平庸与 V88 超凡本是一对反义词。因此，以如下的 8 个意象词形成意象词词对用于后续语义评价实验：压抑的—通透的、落伍的—时尚的、平庸的—超凡的、廉价的—尊贵的、乏味的—迷人的、陈旧的—清新的、阻滞的—舒展的、难用的—受控的。

三、语义评价实验

在此阶段实验中，使用 8 个代表性意象词词对、对 10 款代表性驾驶舱进行语义评价实验。同样，采用了本研究团队开发的语义评价程序工具，

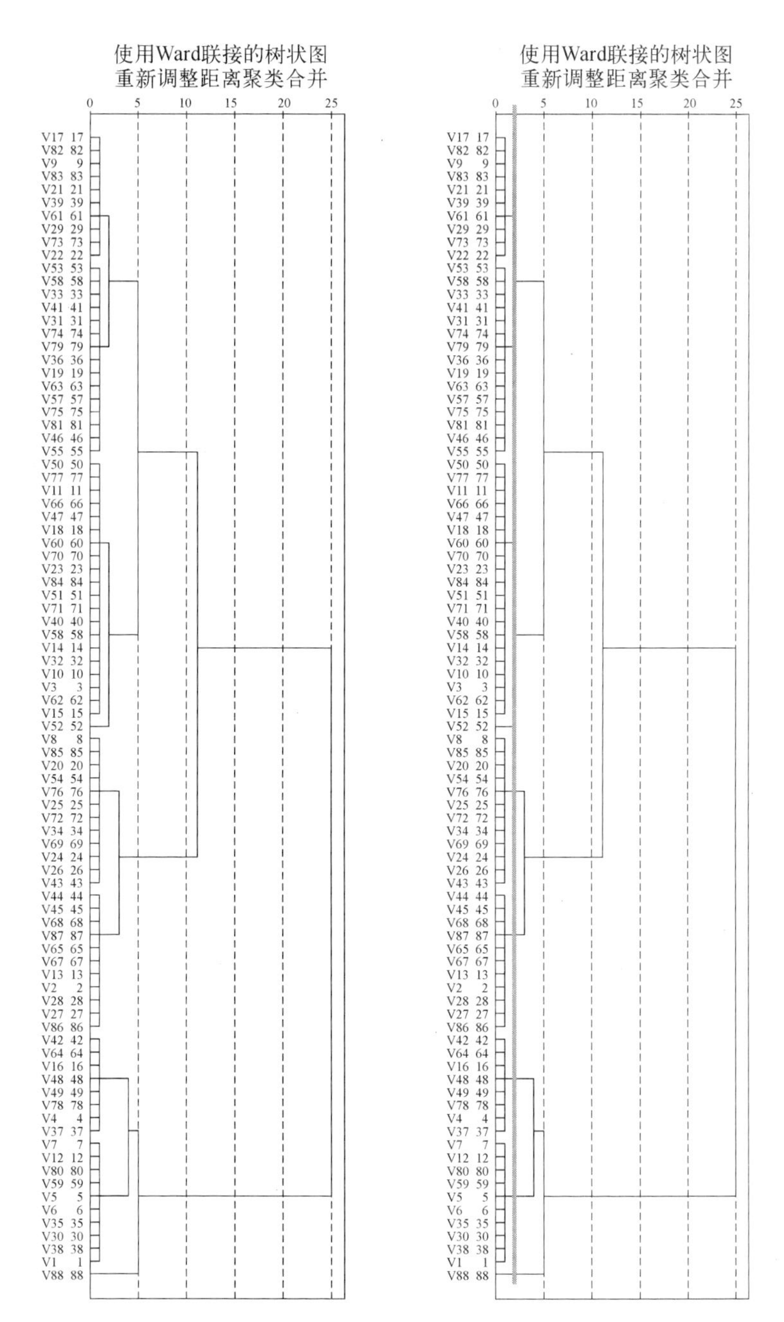

图 7-22　聚类分析树状图（左）、在树状图上划线分类（右）

邀请 5 名对驾驶舱设计较为了解的被试参与实验。评价过程示例如图 7–23 所示，语义评价均值结果汇总列于表 7–3 中。

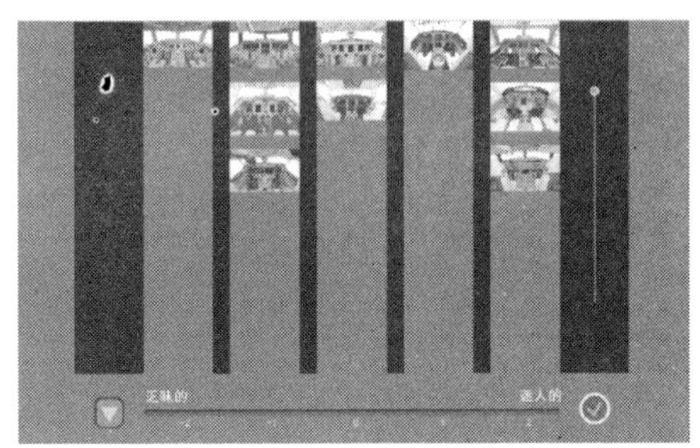

图 7–23 语义评价实验过程示例

表 7–3 语义评价结果汇总

	Boeing 777	**A350**	**ERJ 170**	**Falcon 7X**	**Falcon 2000**	**Phenom 300**	**Hawker 750**	**Citation -XLS**	**Global 7000**	**G 550**
压抑的—通透的	–0.4	0.2	–0.8	1	1	0.4	0	0.2	0.2	–0.4
落伍的—时尚的	0	0.4	–1.2	1.4	1.4	0	–1.2	–0.4	0.4	–0.4
平庸的—超凡的	0.6	1	–0.2	1.4	1.2	–0.4	–0.8	–0.4	0.6	–0.2
廉价的—尊贵的	1	1.4	0.4	0.6	1.2	–0.4	–0.8	–0.2	0	–0.4
乏味的—迷人的	0.8	1.2	–0.6	0.8	0.8	–0.6	–1.2	–0.8	–0.2	–0.8
陈旧的—清新的	0	1.4	–1	0.8	1.2	–0.2	–1.6	–0.8	–0.2	–0.8
阻滞的—舒展的	0.6	1.4	–1	0.8	0.2	–0.4	–1.4	–0.6	–0.2	–0.8
难用的—受控的	0.6	1.2	–0.2	1	1.2	–0.2	–1.4	–1.4	0.4	–0.8

第五节　设计参考模型与设计策略

一、一种定性与定量分析相结合的研究

不同的驾驶舱有着不同的语义情境。与前面其他几种产品的设计参考模型和设计策略的建立过程有所不同的是，对驾驶舱创新问题，试图将定性分析与定量研究结合起来提出对策。具体的途径是，基于语义评价结果，借助造型驱动平台，采用两个方案组合生成一个方案。即分别挑选在两个不同的代表性意象词上语义评价得分较高的两款驾驶舱造型、通过求取其平均形的方式进行组合，生成新的造型方案，从而建立反映不同语义要求的设计参考模型，例如，可采用“通透、清新”、“尊贵、时尚”等不同的搭配。

以“尊贵、时尚”组合的意象表达为例。挑选在这两个意象词上对应最为紧密的两款驾驶舱——达索的猎鹰 7X 与空客的 A350（量产版），进行进一步的分析与特征点提取（图 7-24）。根据提取的特征点进行简化与统一，以便于确定坐标、求取平均形。

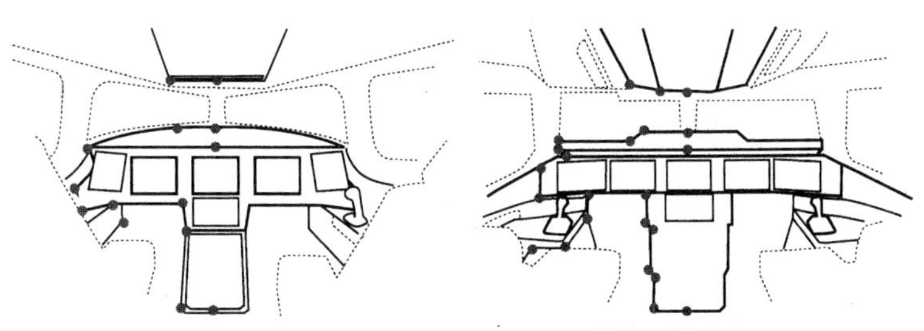

图 7-24　达索猎鹰 7X 与空客 A350 的驾驶舱主要特征线

二、平均形的求取

产品平均形的相关研究，是借鉴人类平均脸形的研究发展而来。本研究阶段，对挑选出来的两款驾驶舱造型进行了特征线的平均化计算，以求取和生成驾驶舱平均形。方法过程如图 7–25 所示。

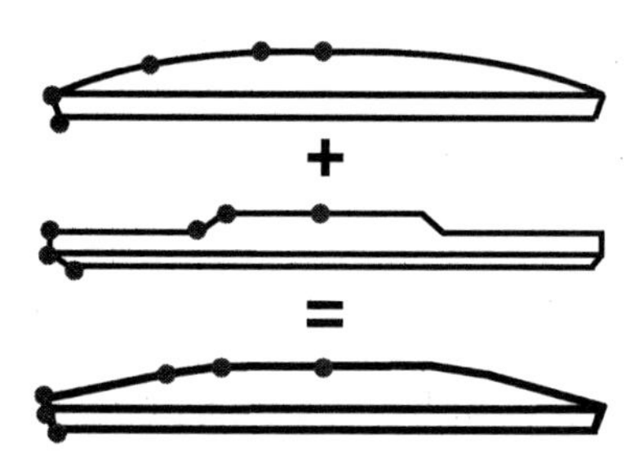

图 7–25　驾驶舱特征线平均形的求取示例

三、驾驶舱造型方案生成平台

在对特征线进行拟合处理时，借助 Graph Digitizer 软件工具，将特征线图样在平面上确定其坐标系。依据求取的平均形的坐标数值，借助 html5 可视化技术，搭建驾驶舱可视化、参数化驱动的造型方案生成平台。图 7–26 所示就是这种造型驱动平台的一个例子，在其中调整主特征线的参数后，可生成并显示不同的驾驶舱造型特征线组合方案。具体运用流程如下：

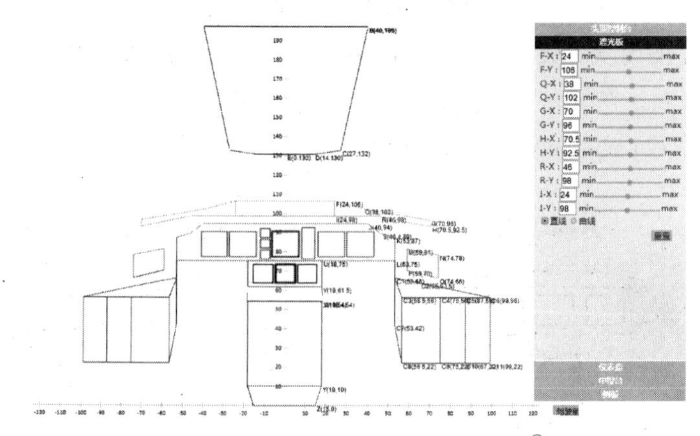

图 7–26　驾驶舱可视化参数造型驱动平台的主界面[19]

① 构建：通过特征点拟合出特征线的表征函数，借助 html5 可视化技术，在 Web 页面描绘特征线图形。

② 设计：通过调整主特征线参数，生成新的驾驶舱造型特征线。

通过不断调整参数，可生成反映不同意象组合的基于特征线的驾驶舱造型的新方案（图 7–27）。而参数的最大、最小约束边界为新方案的生成提供了物理边界范围，可以保证新生成的方案不会产生不可控的人机工效问题。

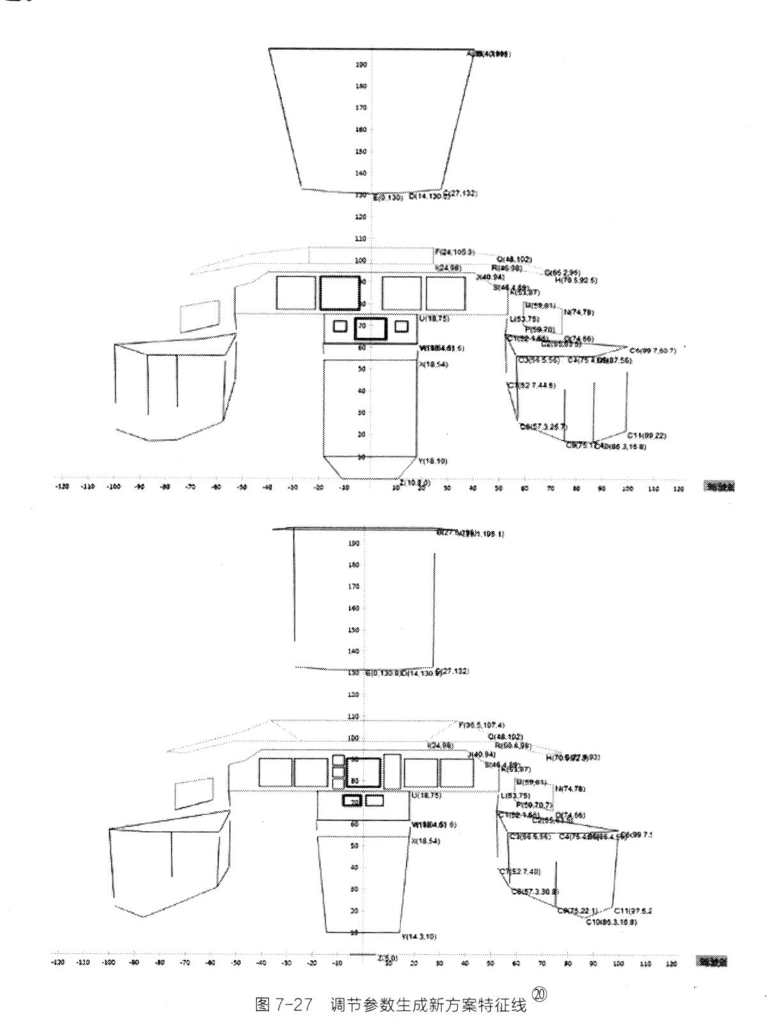

图 7–27　调节参数生成新方案特征线[20]

这些不同的新方案就是反映不同意象组合的设计参考模型的直观表现，为设计师进一步设计驾驶舱造型草图方案提供了设计开发方向。飞机制造商借助设计参考模型及自身定位，能进一步完整地形成自己特定的设计策略。

本章注释:

① （德）汉斯-亨利奇・阿尔特菲尔德，著．商用飞机项目——复杂高端产品的研发管理［M］．唐长红，等，译．北京：航空工业出版社，2013.

② 国家发展和改革委员会．国家及各地区国民经济和社会发展“十二五”规划纲要［M］．北京：人民出版社，2011.

③ Rosemary R. Seva, Katherine Grace T. Gosiaco, Ma. Crea Eurice D. Santos, et al. Product design enhancement using apparent usability and affective quality［J］. Applied Ergonomics, 2011, 42 (3): 511–517.

④ 陈迎春．民机驾驶舱人机工效综合仿真理论与方法研究［M］．上海交通大学出版社，2013. pp87.

⑤ （英）彭妮・斯帕克，著．设计百年——20 世纪汽车设计的先驱［M］．郭志锋，译．北京：中国建筑工业出版社，2005. pp116.

⑥ Michael T. Palmer, William H. Rogers, Hayes N. Press, et al. A Crew-Centered Flight Deck Design Philosophy for High-Speed Civil Transport (HSCT) Aircraft［R］. NASA Langley Technical Report Server, 1995.

⑦ http://www.boeing.com/boeing/commercial/777family/pf/pf_awards.page

⑧ http://www.airbus.com.cn/cn-aircraft-families/passengeraircraft/a320/commonality/

⑨ Jason Zaneboni, Bruno Saint-Jalmes, et al. Aircraft with a cockpit including a viewing surface for piloting which is at lease partially virtual. 2014.06.26.

⑩ http://www.dassault-aviation.com/en/falcon/falcon-philosophy/profile/

⑪ （美）乔・萨特，杰伊・斯宾塞，著．未了的传奇——波音 747 的故事［M］．李果，译．北京：航空工业出版社，2008.

⑫ 中国青年报．中国商飞董事长：中俄合作宽体客机明年开工［N］．中国青年报，2014.10.19.

⑬ 赵江洪，谭浩，谭征宇，等，著．汽车造型设计：理论、研究与应用［M］．北京：北京理工大学出版社，2010.

⑭ Jing Jing, Qiang Liu, Ying Yang, et al. Design knowledge framework based on parametric representation: A case study of cockpit form style design. In Human Interface and the Management of Information. Information and Knowledge Design and Evaluation Lecture Notes in Computer Science. Greece, 2014. pp10.

⑮ 同 ⑭

⑯ 同 ⑧.

⑰ 廖学锋．时间机器——世界公务机选购策略［M］．北京：航空工业出版社，2011.

⑱ 同⑰.

⑲ 同⑭.

⑳ 同⑭.

附录 7-1　驾驶舱设计访谈调研简介

在进行驾驶舱造型设计研究之前，除了前期的案例研究，还应当对飞行员、设计者进行深入的访谈调研。但由于研究条件所限制，飞行员比较难于寻找。因此访谈调研主要针对航空相关人员展开。本研究时间跨度较长，其间有多次接触航空专业人员的机会，灵活方便的访谈法正好有助于采集与驾驶舱设计相关的相关信息。

访谈对象：某商用飞机公司员工、航空航天专业教师、航空设计专家、相关企业员工。

访谈目的：了解与驾驶舱设计相关的用户反馈，以及用户体验、人机工程学等方面的需求。

访谈时间：2013 年 8 月开始，不定期与某高校航空航天学院、某飞机设计研究院及客服公司工业设计所等单位保持联络，其间还在一所大学参观了一架退役的 An–24 飞机（新舟 60 飞机的原型机）、一家自动控制系统提供商等，并利用学术会议、讲座、单位合作等机会了解与驾驶舱设计相关的有价值信息。

附录 7-2 驾驶舱实地测量调研与数据处理简介

在研究和设计商用飞机驾驶舱造型之前，首先需要了解飞机驾驶舱内各个部分的功能、体验实际的造型和舱内感受。商用飞机驾驶舱不同于常见的工业产品，普通人一般是没有接触、体验的。即使是经常坐飞机的乘客，也难以进入驾驶舱参观。理论上只有飞行机组才有权限进入到驾驶舱内。

即便对于设计人员，现役飞机的驾驶舱仍然是禁区，各大航空公司都不会允许参观。但在调研阶段，借助参与某课题研究的机会，接触到某航空公司训练中心、某飞机设计研究院、某飞机制造厂等单位。这些单位内有已经退役的飞机作为模拟训练机，也有目前最新的国产商用飞机的造型样机。

为了进一步了解各个机型驾驶舱之间的差异，除了拍照对比外，还进行了驾驶舱主要部件的数据测量工作（如附录图 7-1、附录图 7-2 所示）。

附录图 7-1 国产商用飞机驾驶舱实地调研及数据测量

附录图 7-2　空客 A320（左）与波音 737（右）驾驶舱实地调研

测量活动一共进行了两次。数据记录主要有两种方式，即拍照记录和图纸标注。尺寸数据整理的内容主要包括：部件名称、线框图位置标示、实物照片、三维模型、三视图尺寸标注（如附录图 7-3 所示）。

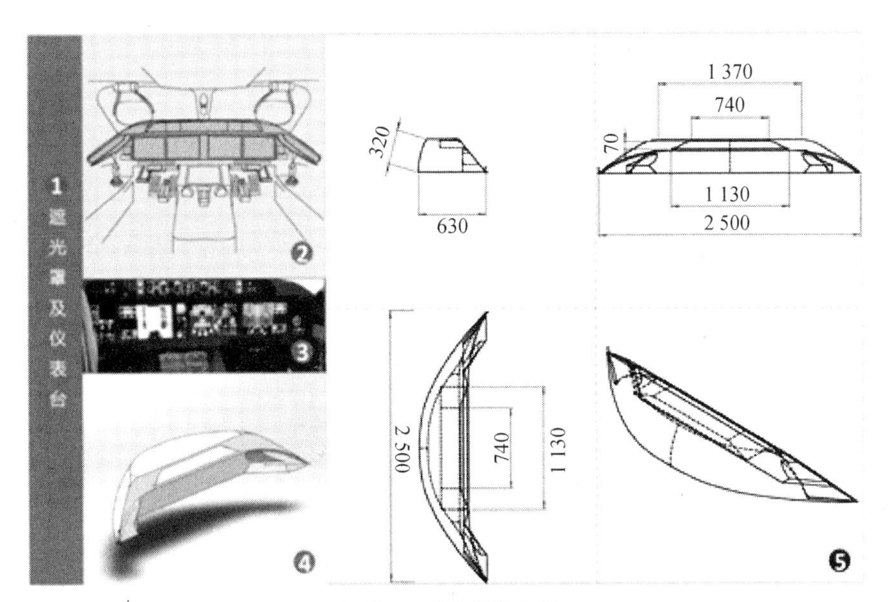

附录图 7-3　测量数据整理示例